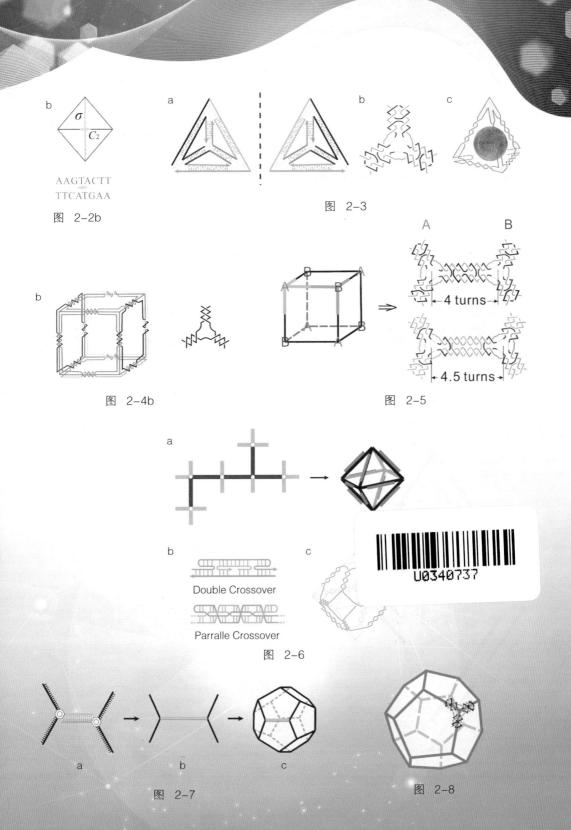

b

σ

C_2

AAGTACTT
TTCATGAA

图 2-2b

a

b

c

图 2-3

b

图 2-4b

A   B

4 turns

4.5 turns

图 2-5

a

b

Double Crossover

Parralle Crossover

c

图 2-6

U0340737

a

b

c

图 2-7

图 2-8

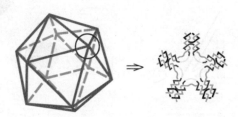

图 2-9

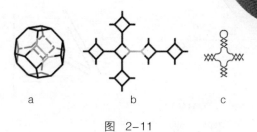

a   b   c

图 2-11

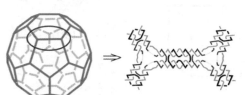

图 2-12

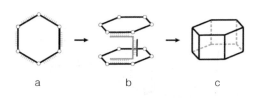

a   b   c

图 2-14

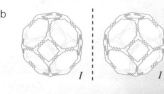

图 4-6

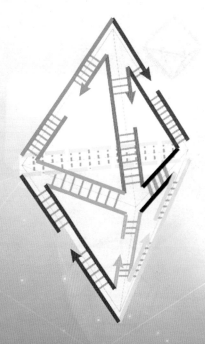

图 2-15

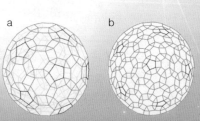

a   b   c

图 6-5

DNA 多面体的数学理论与方法研究

邓 涛 著

中国水利水电出版社
www.waterpub.com.cn

·北京·

内 容 提 要

  本书是研究人工合成 DNA 纳米材料中 DNA 多面体结构和病毒衣壳蛋白结构的数学表征，属于生物数学中的新方法和新技术。近年来实验中合成的大量新颖奇特的 DNA 多面体已成为生化纳米技术领域的前沿和焦点，但这些 DNA 和病毒等多面体的形成规律与它们的数学性质之间的联系却较少研究。本书主要目标就是试图解决或部分解决上述问题。书中以多面体链环等数学模型表征 DNA 多面体结构，运用运筹学中的图论，特别是拓扑学和纽结的相关理论，结合计算机程序，寻找和发掘 DNA 多面体组装和生成规律等这些复杂问题的最优解和近似最优解，最终期望能够进一步预测、判断和控制 DNA 多面体的物理、生物等方面的内在机理。

  本书适合作为从事数学化学、拓扑学和生物化学领域教学和研究的教师、研究生的参考指导用书。

图书在版编目（C I P）数据

  DNA多面体的数学理论与方法研究 / 邓涛著. -- 北京 ： 中国水利水电出版社，2016.10（2022.9重印）
  ISBN 978-7-5170-4775-9

  Ⅰ．①D… Ⅱ．①邓… Ⅲ．①脱氧核糖核酸－生物数学－方法研究 Ⅳ．①Q523

  中国版本图书馆CIP数据核字(2016)第245082号

书　　名	**DNA 多面体的数学理论与方法研究** DNA DUOMIANTI DE SHUXUE LILUN YU FANGFA YANJIU	
作　　者	邓涛　著	
出版发行	中国水利水电出版社 （北京市海淀区玉渊潭南路 1 号 D 座　100038） 网址：www.waterpub.com.cn E-mail：sales@waterpub.com.cn 电话：（010）68367658（营销中心）	
经　　售	北京科水图书销售中心（零售） 电话：（010）88383994、63202643、68545874 全国各地新华书店和相关出版物销售网点	
排　　版	北京智博尚书文化传媒有限公司	
印　　刷	天津光之彩印刷有限公司	
规　　格	170mm×240mm　16 开本　10.5 印张　240 千字	
版　　次	2017 年 1 月第 1 版　2022 年 9 月第 2 次印刷	
印　　数	2001—3001 册	
定　　价	42.00 元	

前　言

多面体的研究虽然是一个古老的数学课题，但在科学日新月异的今天，我们发现了这个多面体研究的新内涵。化学晶体、球碳分子、病毒衣壳结构、DNA笼等无不包含着多面体及其衍生的多面体链环的结构。因此，多面体及其链环的研究是一个既古老而又崭新的课题。大量的实验合成产物，特别是近些年来DNA多面体和病毒等新颖多面体结构的出现在增强我们信心的同时，也带来了更多机遇和挑战。它们的出现不仅给化学实验工作者提供了新的合成目标，也给数学生物学、数学化学等理论工作者带来了新的课题。如DNA多面体的自组装机制是什么；DNA多面体链环模型能否理想表征DNA多面体；链环的数学性质和规律是否也代表着DNA或者病毒多面体的某些规律。现有的方法和理论在解释这些新型奇特和复杂多面体结构时总是力不从心，这个激动人心的领域中的许多问题已不再是单靠单一学科就可以解决的了，它需要化学、数学、生物等多学科交叉且相辅相成才能取得些许的进步。因此，我们必须改变现有的研究方法，从一个更高的层次，以更广的视角重新审视和看待这些问题。此研究需要用新的模型来描述刻画它们的新奇结构，新的理论来解释它们的内在属性，新的方法来探索它们的生成规律。

本书是研究人工合成DNA纳米材料中DNA多面体结构和病毒衣壳蛋白结构的数学表征和缠绕规律，属于生物数学中的新方法和新技术。近年来实验中合成的大量新颖奇特的DNA多面体已成为生化纳米技术领域的前沿和焦点，但这些DNA和病毒等多面体的形成规律与它们的数学性质之间的联系却较少有人问津。本研究以实验室中得到的化学产物，特别是以最新制备出的DNA多面体为目标，运用纽结理论和相关拓扑学中的知识，以多面体链环等数学模型表征DNA多面体结构，结合计算机程序，寻找和发掘DNA多面体组装和生成规律等这些复杂问题的最优解和近似最优解。在研究过程中，对应用于DNA多面体的数学理论做了深入的思考，认为数学理论的研究不应只停留在它能适用的范围或者对公式的修饰层面，它们能够进一步预测、判断和控制 DNA 多面体的物理、生物等方面的内在机理，同时对阐明病毒衣壳蛋白的结构有重要指导意义。

作者
2016 年 10 月

致　　谢

本书的编写得到了西北民族大学动态流数据计算与应用实验室和国家自然科学基金"DNA 多面体组装和生成规律研究"的资助。西北民族大学数学与计算机科学学院领导，特别是田双亮教授给予本书作者大力帮助和热情的关怀。作者对此深表感谢。

本书内容主要是对作者攻读博士期间实验室工作的梳理。这里胡广师兄、汪泽师兄以及实验室全体成员的科研工作都对本书的出版起了至关重要的作用。已故导师邱文元教授在作者攻读博士学位期间给了极大的帮助和悉心的指导，本书的出版也是对导师的缅怀与纪念。

最后，还要感谢中国水利水电出版社的宋俊娥老师对本书出版过程给予的热情帮助。

目　　录

第 1 章　数学理论基础

1.1　多　面　体

1.1.1　多面体的定义及概述

在经典意义上，一个多面体（polyhedron）（英语词来自希腊语 πολυεδρον，poly 就是词根 πολυς，代表"多"，hedron 来自 εδρον，代表"基底""座"或者"面"）是一个三维形体。多面体在直观上是由有限个多边形面组合而成的，每个"面"是某个平面的一部分，面与面在"边"处相交，每条边都是直线段，而边相交于"点"，称为"顶点"。一个多面体至少有四个面，四面体是最简单的多面体。我们所熟悉的立方体、棱锥和棱柱都是多面体。

多面体具有的优雅结构使它成为自然界中物质普遍存在的基本形式之一[1-3]，同时也是人类在文化、建筑、艺术等领域进行创造活动的符号之一[4, 5]。自然界可以发现很多多面体形状的结构。化学中最具有代表性的是美丽的晶体，如图 1-1a；还有一系列神奇的球碳分子，如图 1-1b。令人惊奇的是，很多生命物质也以多面体为生存形态，Thompson 在他著名的《生长与形态》（On Growth and Form）一书中描述了放射虫（radiolarian）的令人着迷的多面体骨架结构[6]，如图 1-1c；更为有趣的是，大部分球状病毒的衣壳蛋白也是一些多面体结构[6, 7]，如图 1-1d。随着 DNA 纳米技术的发展，近些年来大量的 DNA 多面体的合成也成为该领域的前沿和焦点，如图 1-1e。

不但大自然中不乏多面体结构，人类文明也垂青这种奇妙的结构。1967 年加拿大蒙特利尔世博会上美国馆"测地线穹顶"（网格球顶）结构（geodesic domes）[7-9]在建筑领域中登峰造极，这也让世人记住了富勒（R. Fuller）这个名字。他开创了一种新的建筑理念，这种建筑使得用最少的材料造出尽可能大的结构成为可能。此结构中测地线相交形成的三角形，本身具有三角形稳定性且很好地分配了整个结构的应力。显然，在这种设计的背后蕴藏的是对多面体性质的深刻理解和把握。图 1-2 为加拿大蒙特利尔美国馆网格球顶结构。

（a）晶体

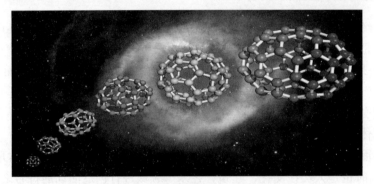

（b）富勒烯

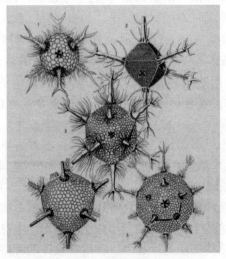

（c）放射虫的骨架

图 1-1　科学界中各种多面体结构

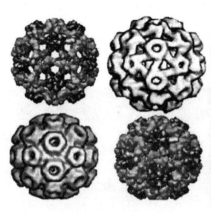
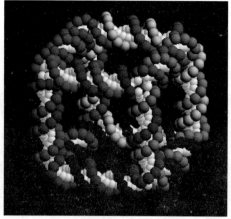

（d）病毒衣壳蛋白　　　　　　　　　（e）DNA 多面体

图 1-1　科学中各种多面体结构（续）

图 1-2　测地线穹顶结构 Geodesic domes[7]

　　实际上，人类掌握和利用多面体甚至早于文字。在苏格兰发现的大约公元前 2000 年的多面体形状的石器中可以看出新石器时代人类对多面体这种优美对称物体的本能追求[10]（图 1-3）。这种对多面体结构的探求在以后的人类文明进程中起了重要的作用，甚至可以被认为是人类文明的符号之一。

　　在现代天文学开创者开普勒的《世界的和谐》（The Harmony of the World）一书中，他认为立方体代表土，原因是它在 5 种柏拉图多面体中最稳定；八面体代表火，原因是它可以被两指夹着旋转，最不稳定[11]，如图 1-4。虽然开普勒坚持了柏拉图有关原子错误的理论，但他也对柏拉图多面体有着创新性的审视。他发现了八面体和立方体，十二面体和二十面体以及四面体和自身的对偶关系[11]，如图 1-5。在他的《宇宙秘密》（Cosmic Mystery）一书中，开普勒将太阳系中的行星轨道比作柏拉图多面体；行星的轨道与柏拉图多面体在球中嵌套有关[11]，如图 1-6。这些虽然不够科学，但他是第一个公开发表著作力挺哥白尼学说的天文学家。

图 1-3　苏格兰多面体石器[10]

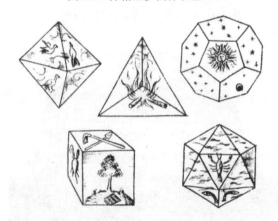

图 1-4　开普勒画的柏拉图多面体[11]

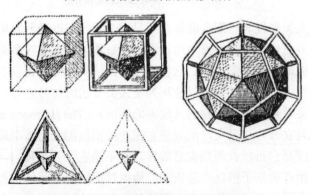

图 1-5　开普勒描述的对偶多面体[11]

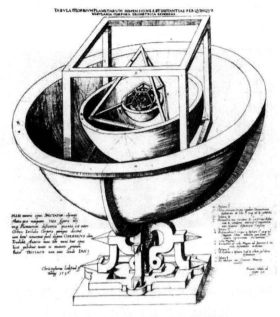

图 1-6　开普勒认为的太阳系[11]

可见由于多面体的美丽和对称性，它在自然界以及人类文明中都有着举足轻重的影响。

1.1.2　多面体与分子结构

查普曼（Orville Chapman）曾说"如果上帝垂青让我有幸创造一种分子，它该是什么呢？"

20 世纪 80 年代 C_{60} 分子的发现深深地影响了科学家对分子的认识。这个结构新奇的分子含有 12 个五边形（五元环）和 20 个六边形（六元环）。这种结构正好和足球相同，因此 C_{60} 也被形象地称为足球烯。随后科学家发现了 C_{60} 的一个大的家族，包括 C_{70}、C_{80} 等等，它们在结构上的共同点是都含有 12 个五边形，其余都是六边形。这一类结构新颖的分子也就是富勒烯，引发了化学家们对多面体形状分子研究的广泛兴趣[12-14]。

从 2000 年开始，人们对 HK97 病毒的衣壳蛋白的兴趣不断增加。实验证明，HK97 的衣壳蛋白是一个由 12 个五元环和 60 个六元环互相嵌套形成的笼状结构。而这个笼状结构的骨架正好是一个 72 面体[15, 16]。其实，从 Caspar 和 Klug 阐明病毒衣壳蛋白的组装原理以来，人们发现病毒分子的结构大都是多面体形状。而且，正如斯图尔特所描述的一样，这些病毒的衣壳服从一个特殊的数列，即 12，32，42，72，92，122，132……（图 1-7）[17-19]。

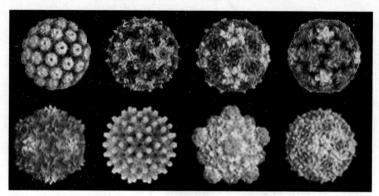

图 1-7   一些病毒的衣壳蛋白结构

实际上，多面体的研究很早就与化学有着密切的关系[20]。柏拉图描述了后来称为柏拉图多面体的 5 种正多面体，并且试图在这些理想的几何体和物质世界之间建立联系。他将四面体对应为火元素，立方体为土元素，八面体为空气元素，二十面体为水元素，而十二面体则是制造整个宇宙的以太。尽管这个想法是错误的，但却并没有妨碍化学家为物质结构建立多面体模型。除去众所周知的四面体和八面体这样普遍的立体化学模型，一些不常见的复杂的多面体也被证明是分子结构的基本形式。1937 年，数学家 Goldberg 在研究多面体的等周问题时发现了一类复杂的多面体，即 Goldberg 多面体，它们由 12 个五边形和一定数目的六边形组成[21]。后来的实验发现，这些几何结构是碳同素异形体的一种基本分子结构形式，即富勒烯分子的基本结构[12-14]。更加令人惊奇的是，Goldberg 多面体竟然可以很好地表征大部分球形病毒的衣壳蛋白质结构，为它们建立结构上的分类标准[18, 19]。

这些多面体形状的分子引起了化学家的兴趣，他们希望能够在实验室中合成这些有趣的几何结构。这不仅将促进合成化学的发展，同时也可能为类似病毒的生物大分子的结构提供新的认识。

1.1.3   多面体的数学理论

几千年前人类很早就开始涉足多面体的研究。人们最先开始关注的是最具魅力的正则多面体——构成它们的面均是相同的正则多边形，它们是四面体、八面体、立方体（六面体）、十二面体、二十面体，如图 1-8。古希腊人最早发现了它们，而柏拉图将它们纳入自己的所谓原子理论[11]，因此现在也叫做柏拉图多面体。而开普勒基于柏拉图多面体构造了所谓的太阳系的原始雏形[11]。非常奇特的是除了这 5 种多面体没有其他多面体严格符合正则的条件。

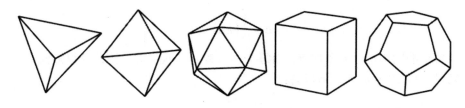

图 1-8　5 个正则多面体

正则多面体的条件如下：所有的面边都是正多边形；所有的顶点度数都是相同的；且二面角都相等。

那怎么说明只有 5 种正则多面体呢？这就引出了多面体理论的一个非常重要的公式——欧拉公式。这个伟大的公式由数学家欧拉在 1750 年推出，它可以非常简单地证明只有 5 个正则多面体存在。对于所有的凸多面体都有：

$$V + F = E + 2$$

多面体理论从古希腊人那时发展到 18 世纪已近两千年，但是它仍然是纯几何的。换句话说就是，数学家们只关注于多面体的度量属性，如测量边的长度，计算图形面积，二面角的大小，体积大小等。欧拉的思维新颖独到不落窠臼，没有继续走度量几何的老路。开始他期望根据多面体诸特征的数目对其进行分类。就像我们对多边形进行分类一样，三边形是三角形，四条边的是四边形。但这样给多面体分类困难很大，因为相同特征的多面体很多，比如面数相同的多面体也可以是不同的。欧拉将 0-、1-、2-维来分别表示顶点、边和面。这三要素成了标准的拓扑表面的三要素[11]。这一发现是惊人的，聪明的古希腊人和文艺复兴的数学家几乎研究了多面体所有可以想到的方面但错过了这个基本的关系式，这是由于他们太关注于多面体的度量属性了。欧拉对此公式的证明这里不再赘述。当时欧拉没有意识到，直到很多年后，数学家们发现了欧拉公式的重要性，这个描述维度和其基本要素的规律蜕化成了拓扑学的奠基石。欧拉更没有想到他的公式给人类数学做出了巨大的贡献。

接着，我们来看欧拉公式怎么证明只存在 5 种正则多面体。设一个多面体有 F 个面，V 个顶点，E 条边。根据欧拉公式，有 $V + F = E + 2$。由于多面体是正则的，所以每个面都是正多边形，即每个多边形边数相等，设每个面的边数为 n（同样每个面的顶点数也为 n），此数最少为 3。由于是正多面体，交于每个顶点的边数相同，设每个顶点的边数为 m，同样此数最少为 3。每个面有 n 条边，而一条边被 2 个面所共享，因此计算多面体边数时，Fn 算了两次，所以有：

$$E = \frac{1}{2}(Fn)$$

每个面同样包含 n 个顶点，而每个顶点有 m 个面共享，因此计算多面体顶点数时，Fn 算了 m 次，所以有：

$$V = \frac{Fn}{m}$$

将它们代入欧拉公式 $V + F = E + 2$，得到 F：

$$\frac{Fn}{m} - \frac{Fn}{2} + F = 2$$

$$F\left(\frac{n}{m} - \frac{n}{2} + 1\right) = 2$$

$$F = \frac{4m}{2n - mn + 2m}$$

我们知道 $4m$ 和 F 必须是正数，那么就有：

$$2n - mn + 2m > 0$$

同时，m 和 n 需满足 $m \geq 3$，$n \geq 3$。那么符合的 m、n 就有 (3, 3)，(3, 4)，(3, 5)，(4, 3)，(5, 3)。将它们代入就可以得到表 1-1 的数据。

表 1-1　n、m 对应 5 种正则多面体

	n	m	$2n-mn+2m$	V	E	F
四面体	3	3	3	4	6	4
八面体	3	4	2	6	12	8
十二面体	3	5	1	12	30	20
立方体	4	3	2	8	12	6
二十面体	5	3	1	20	30	12

另外，欧拉公式还可以得到扩展。如果多面体嵌入不同的曲面中，它满足：

$$V + F = E + \lambda$$

可以这么理解，欧拉公式是此式在平面上的特例。

λ 称为欧拉示性数，是一个拓扑不变量。对于没有空洞的多面体，一般等于 2。但它也有特定的公式：

$$\lambda = 2 - 2g$$

这里 g 称为亏格，也是一个拓扑不变量。简单地理解，亏格相当于贯穿曲面的洞。这样当 $g = 1$ 时，$\lambda = 0$，多面体相当于中间开个洞的面包圈；当 $g = 0$ 时，$\lambda = 2$，就是一般的多面体，相当于球面。如果两个曲面的欧拉示性数相同，在拓扑上它们是同胚的。

我们已经知道对于任意的一个凸多面体，欧拉公式给出了多面体的顶点数目，边数目和面数目之间的关系，即：$V + F = E + 2$。

实际上，这个公式深刻地反映了多面体顶点之间的拓扑学性质。这条定理为曲面的分类示性数提供了基本思想，同时也是图论中一个基本的定理[22, 23]。

多面体的另外一个明显特点是它们具有的对称性。正多面体和半正多面体都具有非常高的对称性。例如 5 个柏拉图多面体中，正四面体是 T_d 群，正六面体和正八面体是 O_h 群，而正十二面体和正二十面体属于 I_h 点群。而半正多面体中的阿基米德多面体大部分都有和柏拉图多面体一样的对称点群。几何学家 Coxeter 详细地研究了各种维数空间中多面体具有的对称性，提出了 Coxeter 群用以描述。Coxeter 群的理论为更为抽象的李群理论提供了数学基础[4, 5]。

自从 1937 年 Goldberg 发现一个大的多面体家族以来，数学家们就努力寻找多面体构造的基本规律。Deza 等人在 Goldberg 构造的基础上，提出更为广泛的 Goldberg-Coxeter 构造，可以对给定对称群的多面体进行构造和生成。这种构造不再限制于 Goldberg 多面体的二十面体对称群 I_h，而可以更加任意地在 O 群、T 群，甚至对称性更低的 C 群和 D 群上进行构造。然而，利用这种方法得到的多面体仍然有一定的对称性限制。为了在原则上构造任意的多面体，Fowler 等人提出了多面体的螺旋构造方法，并且给出了多面体构造的一般算法。这些研究为组合数学提供了新的研究方向，促进了算法和离散数学理论的研究[24-26]。

由于本书所论述的大多数多面体都是基于柏拉图多面体和阿基米德多面体，这里单独介绍一下。

柏拉图多面体（图 1-9）具有下面一些优美和简单的性质：

（1）所有的面都是正则的和等价的；

（2）所有的顶点都是等价的；

（3）所有的边都是等价的；

4）所有的二面角都相等。

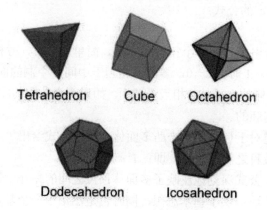

Tetrahedron　　　Cube　　　Octahedron

Dodecahedron　　　Icosahedron

图 1-9　5 个柏拉图多面体

结合这些性质，利用欧拉公式可以知道一共只存在 5 个正则的柏拉图多面体。它们分别是四面体、立方体、八面体、十二面体和二十面体。阿基米德多面体又叫半正则多面体（图 1-10），这是因为虽然它们包含着不同的面，但是所有的顶点都是正则的。阿基米德多面体可以由柏拉图多面体通过截角和扭棱操作得到，一共包含着 13 个多面体。它们分别是截角四面体、截角立方体、截角八面体、截角十二面体、截角二十面体、截角半立方体、截角半二十面体、大斜方截角半立方体、小斜方截角半立方体、大斜方截角半二十面体、小斜方截角半二十面体、扭棱立方体、扭棱正十二面体。

图 1-10　4 个阿基米德多面体

1.1.4　多面体的操作

研究多面体如何通过几何操作进行相互转换不仅在数学上是一个值得探究的问题，而且对于多面体分子的化学过程具有理论上的指导意义。除去在上一节末尾介绍过的截角这一操作，在构造多面体理论中还存在着另外的一些基本操作。数学化学科学院院士 Diudea 教授在这方面做出了一系列的杰出工作[27-29]，如对偶、Medial、Capping、Leapfrog、Quadrupling 和 Capra 操作。下

面以对偶 （图 1-11）和 Medial（图 1-12）为例介绍它们的具体形式。

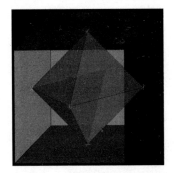

图 1-11　对偶的立方体和八面体

对偶：在多面体的每个面的中心位置都赋予一点，如果它们对应的面共边，就将两个点连接起来。所以，在 5 个柏拉图多面体中，四面体是自对偶的，立方体和八面体对偶，十二面体和二十面体对偶。

Medial：原来多面体边的中点转化为了新多面体的顶点，如果原来的两条边构成一个角，就将其相应的顶点连接起来，如图 1-12 所示。

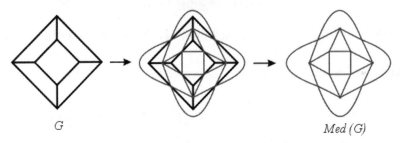

图 1-12　一个图的 Medial 操作

1.2　纽 结 理 论

1.2.1　纽结理论概述

我们都很熟悉绳结，史前时期就有了结绳记事。小孩子玩的翻花绳游戏也是一种纽结的形式。

在数学理论中，纽结理论是拓扑学中的一个重要的分支，其数学起源可以追溯到 19 世纪高斯、克莱因等人的工作[23, 30]。

纽结和链环是纽结理论中两个最基本的研究对象[31, 32]，而且它们在人们的日常生活中随处可见（图 1-13）。

（a）手表上打结的图案　　　（b）打结的雕塑　　　（c）打结的凯尔特耳环

　（d）水手结　　　（e）打结的领带　　　（f）　打结的调羹[33]

图 1-13　日常生活中的纽结

纽结：指的是三维空间中的简单闭曲线，即连通的、封闭的、不自交的曲线。

链环：指的是多个不相交的简单闭曲线构成的空间图形，是纽结的一个集合。

在拓扑学中，一个球面同胚于一个立方体（同胚可以理解为拓扑学中它们是相同的，彼此没有差别[34]）；一个游泳圈同胚于一个带柄的杯子。事实上，拓扑学不关注物体的刚性性质，如长度、角度，而研究物体的可变的弹性属性，如弯曲、扭曲、拉伸、压缩等。一个纽结是三维空间（Euclidean space，R_3）中一个闭合的、不自交的、一维曲线，从数学和理论的角度表述，一个纽结相当于一个圆环（circle）嵌入到一个三维空间中，并且它在拓扑变换下（ambient isotopy）无法变成一个平凡结（一个平面内的未打结的圆圈）。如果两个纽结是等价的（同痕的），它们之间可以通过拓扑变化（也就是三维意义下的操作，绳圈的移位变形，isotopic），从一个变形成另一个[35]。

那么什么是链环的概念呢？如果有 n 条（有限多条）互不相交的封闭曲线构成的空间图形，它就是一个 n 分支链环。在链环中每条封闭曲线都是它的一个分支。可以说扭结是链环的一种特殊情况，是分支数为 1 的链环。

图 1-14 是已知一些纽结和链环的示意图。注意，0_1 到 9_{36} 为纽结，0_1^2 到 8_5^3 为链环。数字表示交叉点数，上角标是分支数（c=1 时省略），下角标数字表示其顺序号。例如，纽结 8_6 表示它有 8 个交叉点；1 个分支（纽结都是 1 个分支）；在 8 个交叉点的纽结中排第 6 个位置。链环 7_8^2 表示它有 7 个交叉点；2 个分支；在 7 个交叉点的链环中排第 8。

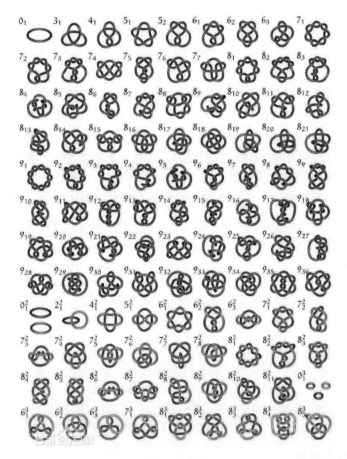

图 1-14　纽结

纽结和链环在数学上主要以投影图表示。也就是将三维的纽结或者链环投影到二维平面上，以二重交叉点表示空间中的交叉点，上下关系用虚线和实线表示。如果这些交叉有方向性，那么就会出现不同构型的交叉：左手交叉和右手交叉。这是造成拓扑异构体的主要原因。图 1-15 是两种交叉的示意图。图论的很多内容因此就和化学结合在一起[36]。

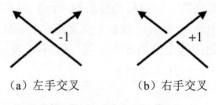

（a）左手交叉　　　　　（b）右手交叉

图 1-15　左右手交叉构型

1.2.2　辫子和 Seifert 表示

为了使读者能够更好地理解后面关于纽结理论部分的研究，这里将首先介绍纽结和链环的两种表示方法。一个辫子指的是 n 条弦，并且每条弦的顶端和底部固定在两条横木之间（如图 1-16）。值得注意的是，所有的纽结都能转化为一个辫子。纽结 K 的 Seifert 曲面指的是这样一个有界的可定向曲面，它的边界刚好是这个纽结 K 本身。对于辫子表示，对应的拓扑指标为辫子指数[37]，将一个链环用闭辫子表示出来后所需要弦的最小数目。对于 Seifert 表示，用亏格这样一个指标可以区分和刻画不同的曲面。一个纽结 K 的亏格指的是它的所有 Seifert 曲面的最小亏格数[38]。

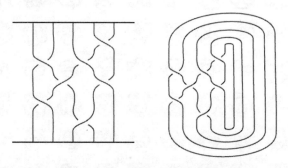

图 1-16　一个开辫子和一个闭辫子

1.2.3　纽结不变量

纽结理论的一个基本问题是怎样区分不等价的纽结或链环。要证明两个纽结是否等价，必须使用纽结不变量[39]：纽结在变形下不改变的性质。在 1.2.2 中介绍的两个拓扑指标辫子指数和亏格数其实就是纽结不变量。

最简单的不变量是纽结的交叉点数目，即任何纽结投影图的交叉点数目的最小值。另外一些有效的不变量包括分支数、环绕数、纽结群[40]等。对于纽结群大家关注的较少，纽结群不仅可以用来区分纽结，它还与纽结的对称性等性质有关。通过对纽结群等的研究，可以把一个纽结的问题转化成一个代数问题。此外，纽结多项式为判别纽结提供了更加强大和有效的工具。

1.2.4　纽结理论与化学

纽结理论发展到今天，已经不仅仅是一个纯粹的数学问题。它在研究复杂化学分子的空间结构和研究 DNA 构型的分子生物学中都有重要的应用。纽结理论已经和 DNA 拓扑结构联系在一起，并在分子化学及分子生物学领域有着重要应用。自从 Wasserman 在 1961 年合成出第一个拓扑链环后[41]，纽结和链环已经成为分子结构的新形式[42, 43]（图 1-17），实际上化学家很早就尝试用有机小分子去合成这样一些奇特的结构[41, 44]。

纽结理论还可以研究 DNA 和高聚物的打结现象[45, 46]（图 1-18），如 Sumner[47]等人提出用缠绕模型可以预测酶对 DNA 分子的作用机理。

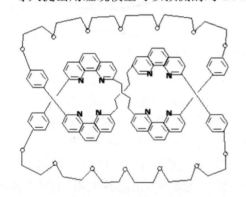

图 1-17　分子三叶结　　　　　　　　图 1-18　DNA 纽结[45]

手性是生命过程的基本特征，纽结理论为分子拓扑手性的判别提供了理论工具[48, 49]。这些成果都促进了化学拓扑学的发展[50, 51]。

1.3　Seifert 构造

Seifert 构造是拓扑学中较为抽象的一个概念。但是本书很多内容涉及它，因此也是必须交待的一个重要环节。要区分或者说给纽结分类一个重要的工具就是纽结不变量。这就如同欧拉示性数是一个拓扑不变量，在拓扑上用于区分两个曲面的作用一样。如果两个纽结的不变量不同，就可以说它们一定不是相同的纽结。有很多纽结不变量，很多是很复杂的。现在要讨论的就是一个和曲面以及欧拉示性数相关的纽结不变量。

我们知道一个纽结实际上就是一个圆圈，只不过是打了结的圈。一个圈是一个曲面的边界。很容易理解，一个平凡结的边界是一个圆盘；而一个三叶结的边界是一个 3 次半纽的莫比乌斯带，如图 1-19a。

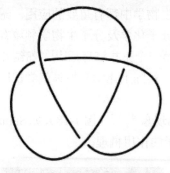 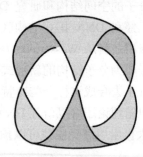

（a）三叶结　　　　　　　　　　（b）三叶结的 Seifert 曲面

图 1-19　三叶结与它的 Seifert 曲面

这样要给每个纽结和某个曲面的边界建立一种对应关系。图 1-19 的 3 次半纽的莫比乌斯带是一个不可定向曲面。事实上可以构建一个可定向曲面，并使其边界成为某个纽结，或者说使某个纽结成为其边界，这就是 Seifert 曲面，它是德国人 Herbert Seifert 在 1934 年提出的。这种方法称为 Seifert 构造。

以一个三叶结为例说明 Seifert 构造[11]。首先给一个三叶结定一个方向，就是以一个方向画三叶结一周，如图 1-20。这里注意不要出现不良纽结的投影图，如三条线通过一个交叉点。

其次，根据这个投影图画出一系列的 Seifert 环。具体来讲，沿着纽结的方向再走一遍纽结，但是，在每个交叉点选择与原定向不同的曲线走且方向不变，这样回到原出发点就完成了 Seifert 环，如图 1-21。有了这些 Seifert 环，就有了以 Seifert 环为边界的盘，这时会发现有的盘是嵌套在另一个盘之内的，可以看作一个盘在另一个盘之上，如图 1-22。

最后，用半纽将这些盘连接起来。注意，这些半纽出现在原来交叉点的位置且半纽的构型要符合原交叉点曲线的走向，如图 1-23。虽然严格的证明有些难度，但是这足以保证所构造的曲面是可定向的。

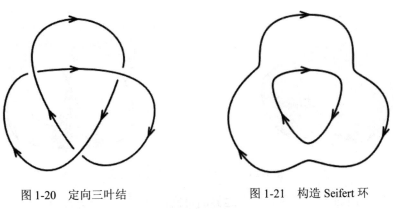

图 1-20 定向三叶结   图 1-21 构造 Seifert 环

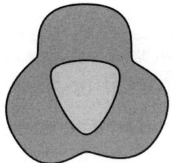

图 1-22 Seifert 环中的盘

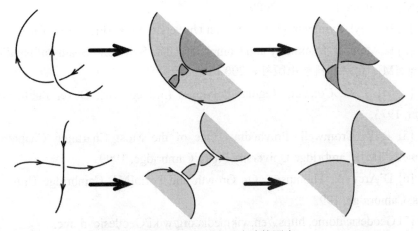

图 1-23 半纽代替交叉点连接圆盘

这样就完成了三叶结 Seifert 曲面的构造，如图 1-24。

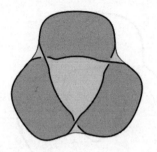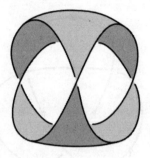

图 1-24　三叶结和它的 Seifert 曲面

Seifert 曲面是一个只有一个边界的可定向曲面。这样它就同胚于去掉一个盘的球面。Seifert 构造更多的是在拓扑学中的应用，这些可以在拓扑中继续讨论。本书的发现主要是运用 Seifert 的构造方法在 DNA 多面体上，这样原来的 DNA 链就变成了曲面边界，这些边界映射在平面上，就得到许多 Seifert 环，这些环数是构成 DNA 多面体链环的一个重要的参量。

参 考 文 献

[1] I. Hargittai, M. Hargittai, Symmetry through the Eyes of a Chemist (3rd ed.)[M]. Springer, New York, 2009.

[2] H. Weyl, Symmetry[M]. Princeton University Press, Princeton, 1983.

[3] K. Mainzer, Symmetry and Complexity: The Spirit and Beauty of Nonlinear Science[M]. 北京：科学出版社，2007.

[4] H. S. M. Coxeter, Regular Polytopes (3rd ed.)[M]. Dover Publications, Dover, 1973.

[5] P. R. Cromwell, Polyhedra: "One of the Most Charming Chapters of Geometry"[M]. Cambridge University Press, Cambridge, 1999.

[6] D'Arcy W. Thompson, On Growth and Form[M]. Cambridge University Press, Cambridge, 1992.

[7] Geodesic dome, https://en.wikipedia.org/wiki/Geodesic_dome.

[8] A. Šiber, Icosadeltahedral geometry of fullerenes, viruses and geodesic

domes[J]. arXiv: 0711.3527v1, 2007.

[9] H. Kroto, Art and science: Geodesy in materials science[J]. Acta Chim. Slov. 57 (2010): 613-616.

[10] Neolithic carved stone polyhedra, http://www.georgehart.com/virtual-polyhedra/ neolithic.html.

[11] D. S. Richeson, The Euler's Gem: The Polyhedron Formula and the Birth of Topology[M]. Princeton University Press, Princeton, 2008.

[12] H. W. Kroto, J. R. Heath, S. C. O'Brien, R. F. Curl, R. E. Smalley, C_{60}: Buckminsterfullerene[J]. Nature. 318 (1985): 162-163.

[13] P. W. Fowler, D. E. Manolopoulos, An Atlas of Fullerenes[M]. Dover Publications, Dover, 2007.

[14] J. Baggott, Perfect Symmetry: The Accidental Discovery of Buckminsterfullerene[M]. Oxford University Press, Oxford, 1994.

[15] R. L. Duda, Protein chainmail: Catenated protein in viral capsids[J]. Cell. 94 (1998): 55-60.

[16] W. R. Wikoff, L. Liljas, R. L. Duda, H. Tsuruta, R. W. Hendrix, J. E. Johnson, Topologically linked protein rings in the bacteriophage HK97 capsid[J]. Science. 289 (2000): 2129-2133.

[17] I. Stewart, Life's Other Secret: The New Mathematics of the Living World[M]. John Wiley & Sons, New York, 1999.

[18] D. L. D. Caspar, A. Klug, Physical principles in the construction of regular viruses[J]. Cold Spring Harb. Symp. Quant. Biol. 27 (1962): 1-24.

[19] J. E. Johnson, J. A. Speir, Quasi-equivalent viruses: A paradigm for protein assemblies[J]. J. Mol. Biol. 269 (1997): 665-675.

[20] S. Alvarez, Polyhedra in (inorganic) chemistry[J]. Dalton Trans. 13 (2005): 2209-2233.

[21] M. Goldberg, A class of Multi-symmetric polyhedra[J]. Tohoku Math. J. 43 (1937): 104-108.

[22] D. B. West, Introduction to Graph Theory[M]. Prentice Hall, New Jersey, 2000.

[23] C. C. Adams, The Knot Book: An Elementary Introduction to the Mathematical Theory of Knots[M]. W. H. Freeman & Company, New York, 1994.

[24] M. Dutour, M. Deza, Goldberg-Coxeter construction for 3- and 4-valent plane graphs. Electron[J]. J. Combinatorics 11 (2004): 585-601.

[25] D. E. Manolopoulos, J. C. May, S. E. Down, Theoretical studies of the fullerenes C_{34} to C_{70}[J]. Chem. Phys. Lett. 181 (1991): 105-111.

[26] P. W. Fowler, K. M. Rogers, Spiral codes and Goldberg representations of icosahedral fullerenes and octahedral analogues[J]. J. Chem. Inf. Comput. Sci. 41 (2001): 108-111.

[27] M. V. Diudea, Covering forms in nanostructures[J]. Forma. 19 (2004): 131-163.

[28] B. de La Vaissière, P. W. Fowler, M. Deza, Codes in Platonic, Archimedean, Catalan, and related polyhedra: A model for maximum addition patterns in chemical cages[J]. J. Chem. Inf. Comput. Sci. 41 (2001): 376-386.

[29] M. V. Diudea, Capra-a leapfrog related operation on maps[J]. Studia Univ. Babes-Bolyai, 48 (2003): 3-16.

[30] S. Jablan, R. Sazdanović, LinKnot: Knot Theory by Computer[M]. World Scientific, Singapore, 2007.

[31] D. Rolfsen, Knots and Links[M]. Publish or Perish, Berkeley, 1976.

[32] P. R. Cromwell, Knots and Links[M]. Cambridge University Press, Cambridge, 2004.

[33] O. Lukin, F. Vogtle, Knotting and threading of molecules: Chemistry and chirality of molecular knots and their assemblies[J]. Angew. Chem. Int. Ed. 44 (2005): 1456-1477.

[34] （前苏联）伏.巴尔佳斯基，伏.叶弗来莫维契. 拓扑学奇趣[M]. 裘光明译. 长沙：湖南教育出版社，1999.

[35] 姜伯驹. 绳圈的数学[M]. 大连：大连理工大学出版社，2011.

[36] M. Deza, Geometry of Chemical Graphs: Polycycles and Two-faced Maps[M]. Cambridge University Press, Cambridge, 2008.

[37] S. Yamada, The minimal number of Seifert circles equals the braid index of a link[J]. Invent. Math. 89 (1987): 347-356.

[38] H. Seifert, Über das Geschlecht von Knoten[J]. Math. Annalen 110 (1934): 571-592.

[39] J. C. Cha, C. Livingston, KnotInfo: Table of Knot Invariants,

http://www.indiana.edu/~knotinfo

[40] L. Neuwirth, The theory of knot[J]. Sci. Am. 258 (1998): 50-56.

[41] H. L. Frish, E. Wasserman, Chemical topology[J]. J. Am. Chem. Soc. 83 (1961): 3789-3795.

[42] T. Deng, W. -Y. Qiu, The architecture of extended Platonic polyhedral links[J]. MATCH Commun. Math. Comput. Chem. 70 (2013): 347-364.

[43] D. Andrae, Molecular knots, links, and fabrics: Prediction of existence and suggestion of a synthetic route[J]. New J. Chem. 30 (2006): 873-882.

[44] J. P. Sauvage, C. Dietrich-Buckecker, Molecular Catenanes, Rotaxanes and Knots: A Journey Through the World of Molecular Topology[M]. Wiley-VCH, New York, 1999.

[45] S. A. Wasserman, N. R. Cozzarelli, Biochemical topology: Applications to DNA recombination and replication[J]. Science 232 (1986): 951-960.

[46] C. Liang, K. Mislow, Knots in proteins[J]. J. Am. Chem. Soc. 116 (1994): 11189-11190.

[47] D. W. Sumners, Lifting the curtain: Using topology to probe the hidden action of enzymes[J]. MATCH Commun. Math. Comput. Chem. 34 (1996): 51-76.

[48] K. Mislow, A commentary on the topological chirality and achirality of molecules[J]. Croat. Chem. Acta. 69 (1996): 485-511.

[49] E. Flapan, When Topology Meets Chemistry—A Topological Look at Molecular Chirality[M]. Cambridge University Press, Cambridge, 2000.

[50] E. E. Fenlon, Open problems in chemical topology[J]. Eur. J. Org. Chem. 2008(2008): 5023-5035.

[51] 邱文元，张丽娟. 拓扑立体化学[J]. 有机化学. 10（1990）：209-216.

第 2 章 实 验 背 景

2.1 DNA 纳米技术概述

自然界中，DNA 作为一种基本生命物质的主要载体，其主要职能是履行各种各样的生物功能，例如存储和转录基因信息。DNA 最早是在 1944 年由美国人埃弗里发现的，1953 年，Wason 和 Crick 教授绘制出 DNA 的双螺旋线结构图[1, 2]，并描述了 DNA 作为遗传物质的化学基础。DNA 双螺旋结构主要就是指 DNA 碱基互补配对是存在规律的，也就是 A-T、C-G。这种碱基互补配对原则不仅在遗传过程中的 DNA 转录、复制等生命过程发挥了巨大作用，还使得 DNA 链之间的杂交可以预测，这就为 DNA 分子成为一种有自组装能力的工具提供了可能。同时，DNA 是有一定刚性的有规则的分子，它的刚性长度在正常情况下约 50nm[3]，宽度约 2nm[4]，也就是说它是一种纳米尺度的分子，构建模型较为简单。随着纳米技术日新月异的发展，DNA 分子结构的规则性[5]，特别是其良好的自组装能力使科学家们很早就开始考虑将其作为构筑纳米级三维结构的理想构件[6-8]。

要获得复杂的纳米结构，需要有能够支撑起二维或者三维结构的 DNA 基元，分支状的 DNA 不失为一种理想结构。1982 年，Seeman 率先提出可以用带有粘性末端的 DNA 分支为材料构筑一些简单而有规则的二维有序阵列[9]。DNA 分支是一种具有特殊结构的 DNA，不同于单调的线性 DNA 结构[10, 11]。在 DNA 染色体之间交换信息时出现的 Holliday 分支就是一种分支 DNA[12]，不过这些分支 DNA 是不稳定的，DNA 单链会彼此滑动最后分离成两条独立的 DNA 双螺旋。不稳定的 DNA 分支为生物遗传过程中的基因重组提供了基础，但是却不能成为三维纳米结构合成的元件。Seeman 提出可以人工合成序列不对称的分支状 DNA，从而稳定整个结构[9-11]。事后证明，他的这一构想开创了 DNA 纳米技术的先河。同时 Seeman 也设计了用序列不对称的分支状 DNA 就会得到较为稳定的结构。图 2-1 显示了分支 DNA 通过粘性末端进行自组装的过程[9]。他们沿着这个思路合成了具有不同臂数目的分支 DNA[13, 14]。

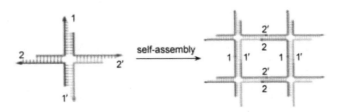

图 2-1　分支状 DNA 的结合[9]

有了各种结构稳定的分支 DNA，就可以利用相应臂数的 DNA 分支合成三维空间中的相应度数的顶点，然后将伸展的 DNA 臂彼此通过末端粘结技术连接，从而得到预定的结构。20 世纪 90 年代 Seeman 小组利用这种策略成功合成出 DNA 立方体[15-17]和截角八面体[18]。这种合成策略的思路非常明晰，并且在合成过程中可以对每一步进行非常有效的控制，因此发展为 DNA 纳米技术中最基本最普遍的方法[6]。

然而，由于这种方法存在耗时长，产率低，并且结构刚性一般，不对称的序列的设计困难，以及结构无法复制等问题，因此随后发展合成策略主要致力于发展高产率、高立体选择性、快速、可复制，并且刚性更好的结构的合成。在过去的 20 多年里，人们利用这些合成策略成功构建了一系列结构多样的 DNA 多面体，为人工模拟自然更近一步，也极大地更新了现有的合成化学[19-21]！这些成果为 DNA 纳米技术的发展提供了帮助[22-28]，同时也使化学家向着模拟自然更进一步[29]。现在，利用 DNA 合成各种各样具有多面体形状的分子正在成为化学领域新的挑战。

DNA 纳米技术中还有许多突出的成绩，由于与本课题相关度较小，这里不再赘述。总之，结构化 DNA 纳米技术已经成功构建了各种各样二维和三维的 DNA 纳米结构。虽然 DNA 纳米技术领域如雨后春笋般迅速发展了几十年，但丝毫妨碍不了化学家对这些新颖 DNA 结构的热情。现今这项技术已取得了长足的进步，科学家已经能够控制这些 DNA 纳米结构的形状、手性，并对其拓扑学性质，甚至它们的应用也有了初步的认识。但是，此课题仍存在诸多挑战，DNA 自组装的产物能否预测和控制；合成过程中 DNA 错配率能否有效降低；DNA 链的设计方法是否有更便捷简单的方法。最后，DNA 纳米技术的终极目标仍旧是应用，现在可以预见的应用也主要在医学药物载体方面，因此 DNA 纳米结构如何在生物体内承担运输药物等大分子的任务，这些都需要进一步研究。

2.2　DNA 多面体的化学合成进展

本书大部分内容围绕 DNA 多面体展开，这里依据多面体从简单到复杂的顺序介绍 DNA 多面体的合成进展。

DNA 柏拉图多面体

柏拉图多面体一共有 5 个：正四面体、立方体、正八面体、正十二面体以及正二十面体。它们的共同特点是：每个几何体都由完全相同的面构成，并且每个面也是完全对称的（regular），对称性非常高（图 2-2）。

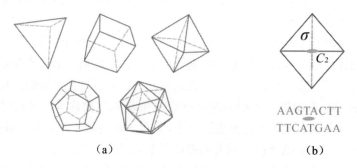

| (a) | (b) |

图 2-2　DNA 柏拉图多面体

（a）五个 Plato 多面体，每个都由一种规则的多边形按照相同的方式构成，因此具有很高的对称性。（b）用边上 DNA 序列的对称性判断 DNA 多面体的对称性。完全对称的多面体的每条边只具有两种对称元素，即二次旋转轴 C_2 和镜面 σ。DNA 序列的不对称性将引起边上对称元素的消失，从而使 DNA 多面体的对称性降低。图中以四面体为例，可以看出，橙色边的 DNA 序列只具有二次旋转对称性（回文序列），而镜面对称元素 σ 缺失。因此 DNA 四面体的对称性由 T_d 降低为 T。

利用点群分析容易得到，正四面体属于 T_d 群，立方体和八面体属于 O_h 群，十二面体和二十面体属于 I_h 群。对于 DNA 多面体来说，如果不考虑 DNA 双螺旋的缠绕结构，则每条边上 DNA 序列的对称性决定了多面体的对称性，因此在具体分析的时候并不需要详细地罗列出对称群的每个组成元素，而只需要把和多面体边上相关的对称元素提取进行分析即可。对于多面体的每条边来说，只可能具有两种对称元素，即二次旋转对称轴 C_2 和反射镜面 σ（图 2-2b）。如果由于某种原因，例如 DNA 序列对称性的破坏，导致镜面 σ 的消失，相应多面体的 T_d、O_h、I_h 对称群将会降低为 T、O、I 群。进一步，如果二次旋转轴 C_2 消失，T、O、I 将进一步退化成为 C_1 群，即不具有任何对称性（图 2-2b）。

（1）DNA 四面体。

2004 年，牛津大学的 Turberfield 小组将几条预先设计好序列的 DNA 单链一步组装为 DNA 四面体[30]。他们设计的 DNA 单链是由三段长度为 17 个碱基的子序列组成的，子序列之间通过两个碱基连接，总长度为 55 个碱基。然后将四种 DNA 单链按照化学计量比 1:1:1:1 进行退火自组装，在不到 4 分钟的时间里就生成了预定的 DNA 四面体。由于每条单链没有用连接酶封闭，因此四面体的每个顶点位置都有一个缺口（图 2-3a）。值得注意的是，由于四面体的每条棱上的 DNA 序列都不相同，因此如果不考虑 DNA 的双螺旋结构，最后的四面体可能存在互为镜像的一对异构体[30]（图 2-3a）。

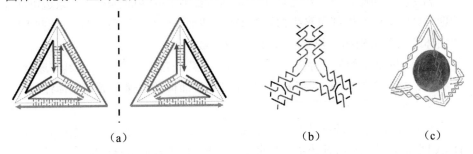

（a）　　　　　　　　　　　（b）　　　（c）

图 2-3　DNA 四面体

（a）四条设计好序列的 DNA 组装成的四面体及其镜像结构示意图，其中相同颜色的
序列配对形成四面体的边。每条 DNA 单链在四面体的顶点上首位相遇，形成一个
缺口。（b）Mao 等人设计的用来合成 DNA 四面体的 DNA 三度顶点结构，
"3-point star" 模块。红色、绿色、黑色分别表示长度不同的三种 DNA
单链。黄色表示未配对的 DNA 单链，可以通过调节其长度而改变整个
结构的弯曲程度。（c）包裹一个蛋白质分子（黄色小球）的 DNA
四面体，其具体结构参数见表 2-1。

2005 年该小组用改进的实验设计重新合成了 DNA 四面体，并且证明这种方法具有非常好的立体选择性[31]。通过序列设计，他们将连接子序列的碱基减少为 1 并且将 DNA 单链形成的缺口移动到四面体的棱上。由于四面体有 6 条棱，因此有两条棱上没有缺口。他们认为这两条棱在反应中先快速形成，然后

再进行分子内反应形成其余的棱。实验证明这种改进不仅反应速度更快（约30s），而且具有非常好的立体选择性。最后的产物具有几乎特定的构型(>95%)，即会聚在顶点的三条 DNA 的大沟指向四面体内部[31]。

表 2-1　Turberfield 小组合成的一些 DNA 四面体的几何参数

合成的 DNA 四面体	四面体的边长参数
一系列边长不等的四面体	3×20bp/3×30bp； 5×20bp/1×(10,15,20,25,30)bp； 4×20bp/1×10bp/1×(10,15,20,25,30)bp*
一条边可伸缩的四面体	5×20bp/1×10bp；5×20bp/1×30bp
包裹蛋白质的四面体	6×20bp

*4×20bp/1×10bp/1×(10,15,20,25,30)bp 表示四面体的六条边中有 4 条长度为 20 个碱基对，1 条长度为 10 个碱基对，剩下 1 条为 10、15、20、25 或者 30 个碱基对。其余符号的意思类似。

利用这一策略，该小组合成了一系列边长不等的四面体[31]，一条边可伸缩的四面体[27]，以及内部包裹蛋白质的 DNA 四面体结构[25]（图 2-3c），这些 DNA 四面体的几何结构和边长等参数总结于表 2-1。

Turberfield 小组发展的这种"多条链一步"的自组装合成方法具有速度快、产率高、立体选择性专一等特点，为 DNA 多面体的快速合成和立体控制提供了一个有效途径。

近来 Mao 的小组用另外一种途径，即"模块分级自组装"，也成功合成了 DNA 四面体[32]。他们设计了一种分支状的模块，"n-point star"，作为进一步自组装的单元[33-37]（图 2-3b）。这种模块实际上是若干个 DNA 双交叉模体（double crossover）的组合[38]，比双螺旋 DNA 具有更好的结构刚性[39]。

合成四面体所使用的"3-piont star"模块是由一条长链（图 2-3b，红色）、三条中长链（图 2-3b，绿色）和三条短链（图 2-3b，黑色）组成的具有三条臂的一种 DNA 分支。每个臂相当于两个并排的 DNA 双螺旋，长度为 21 个碱基对。同时，模块中还有三段未配对的 DNA 单链形成三个环（图 2-3b，黄色），因此整个结构的刚性又可以通过调节这三个环的长度调节[32]（图 2-3b）。

将设计好序列的三种链按照化学计量比加入，在退火自组装过程中将首先形成"3-piont star"模块，然后进一步组装形成 DNA 多面体，因此整个合成过程是分级组装的。调整长链中未配对环的长度（5 个碱基）并控制中间体"3-piont star"的浓度（75nM（纳摩）），就可以合成出 DNA 四面体，产率约为 90%。

最后的 DNA 四面体每个顶点都由一个 "3-piont star" 构成，每条棱都相当于两条 DNA 双螺旋并排形成，每个长度为 42 个碱基对[32]。

Mao 等人设计的 "模块分级自组装" 的合成方法不仅产率高，而且因为合成的 DNA 四面体每个顶点都具有相同的模块，因此避免了复杂的序列设计问题。

由于 DNA 的序列存在一级结构，因此最后合成的 DNA 多面体的对称性与多面体的对称性不同，发生了一定程度的对称性破缺。Turberfield 等人所采取的 "多条链一步" 合成法，四面体每条棱上的序列完全不同。例如其中一条棱上 DNA 的序列可以写成：

$$\frac{\text{ACATTCCTAAGTCTGAA}}{\text{TGTAAGGATTCAGACTT}},$$

横线表示互相配对的两条序列。

可以看出，该序列缺少镜面对称元素 σ，同时，序列本身也不具有二次旋转对称元素 C_2，即序列不是回文序列。因此，Turberfield 等人合成的 DNA 四面体属于 C_1 点群，即具有最低对称性，或者说不具有对称性。

Mao 等人设计的 "模块分级自组装" 的方法，由于合成中使用的 "3-piont star" 模块完全相同，并且利用这种方法合成的四面体的每条边上实际上是两条并行的序列，因此最后的 DNA 四面体的每条边的序列可以表示成：

$$\frac{\text{CCTACGATGGACACGGTAACGCCTAGCAACCTGCCTGGCAAG}}{\text{GGATGCTAC C TGTGCCATTGCGGATCGTTGGACGGACCGTTC}},$$

$$\frac{\text{CTTGCCAGGCAGGTTGCTAGGCGTTACCGTGTCCATCGTAGG}}{\text{GAACGGTCCGTCCAACGATCCGCAATGGCACAGGTAGCATCC}}$$

其中横线表示互相配对的两条序列。

该序列不具有镜面对称元素 σ，但是可以看出，序列含有旋转对称元素 C_2。因此，Mao 等人合成的 DNA 四面体具有 T 对称性。

（2）DNA 立方体。

1991 年，Seeman 的小组成功合成了 DNA 立方体[16]。实验中，他们先合成了两个正方形面，每个顶点为三臂的分支 DNA。然后将四个对应的顶点连接起来就得到了 DNA 立方体（图 2-4a）。由于合成过程中带状中间体的最后闭合存在两种可能性，即向里和向外，所以最后的 DNA 立方体可能存在异构体。DNA 立方体具有非同寻常的拓扑结构，它是由 6 个环相互嵌套而成的索烃[40]（图 2-4b）。每个环是一条长为 80 个核苷酸，首尾相接的 DNA 单链，每条立方体的边上都由 DNA 双螺旋构成，含有 20 对碱基对，6.8nm，总共缠绕约 2 转[16]。

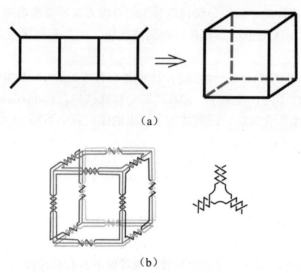

（a）

（b）

图 2-4　DNA 立方体

（a）DNA 立方体（右）可以通过带状中间体（左）合成，带状中间体可以向着读者
翻转闭合，也可以背向读者，从而形成两种可能存在的异构体。
（b）DNA 立方体的索烃结构（左），不同的颜色表示六条 DNA
单链，以及合成 DNA 立方体所用的三臂 DNA 分支（右）。

DNA 立方体的合成是用 DNA 进行三维纳米合成的重要里程碑，引发了 DNA 纳米技术的诞生。然而，这种合成方法由于产率低（1%）、耗时长等缺点，因此后来在 DNA 多面体的合成中被各种更加优越的策略取代。

近来 Mao 等人在"模块分级自组装"策略的基础上，用两种"3-piont star"模块巧妙地合成了 DNA 立方体[41]。

两种模块 A 和 B 之间可以通过分支臂的末端连接，而同种模块之间不能连接。按照这样设计所合成的结构中不同模块 A、B 间隔相连，并且 A、B 的数目相等。因此最后形成的封闭几何体的顶点数目一定是偶数，并且每个面含有偶数个顶点。立方体具有 8 个顶点，并且每个面都有 4 个顶点，是这类几何体中最小的一个。因此在低浓度的条件下，模块 A、B 将通过退火自组装形成 DNA 立方体（图 2-5）。

Mao 等人用两种不同的方法设计了 A、B 两种模块。一种最直接的方法是设计两个完全不同的"3-piont star"模块，从而使模块 A、B 的分支臂末端的 DNA 序列恰好能够互补配对而相同模块（A 和 A 之间或者 B 和 B 之间）的末端 DNA 序列不能形成互补序列。因此在退火组装过程中，不同模块 A、B 之间通过互补的末端序列相互连接，而同种模块的不匹配的末端序列阻止了它们之间的结合（图 2-5，上）。控制每种模块的浓度为 200nM，调节中间环的长度为 5 个碱基，经过退火自组装过程合成得到了 DNA 立方体。这个 DNA 立方体由两种序列完全不同的"3-piont star"模块在顶点位置间隔排列组成，每条边上相当于两条 DNA 双螺旋并行排列构成，每条 4 转，含有 42 个碱基对[41]（图 2-5，右，上）。

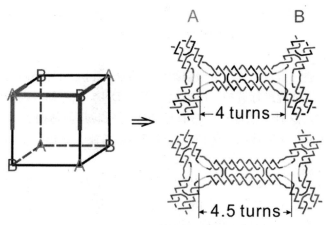

图 2-5　DNA 立方体的合成

利用两种"3-point star"模块通过"模块分级自组装"方法合成 DNA 立方体。模块 A 与 B 之间可以通过末端 DNA 连接，而模块 A 与 A、B 与 B 之间不能结合。这样 A、B 模块间隔连接形成的封闭几何体必须满足顶点数目是偶数且每个面含有偶数个顶点，立方体是这类几何体中最小的一个（左）。Mao 等人用两种不同的方法设计了 A、B 模块。其中第一种方法是采用序列完全不同而骨架结构相同的两个"3-point star"模块作为 A 和 B，它们之间的 DNA 为 4 转（右，上）；另一种方法只用一种序列和结构完全相同的"3-point star"模块，但是将模块之间的 DNA 设计为 4.5 转，这样就使相互连接的"3-point star"模块指向不同的方向，从而造成具有微妙差别的 A 和 B 两种模块，使它们之间有选择性地连接（右，下）。"3-point star"模块中的颜色是为了区分 DNA 单链，值得注意的是两种方法得到的"3-point star"模块之间的连接具有不同的结构。

除了这种比较直接的方法以外，Mao 等人利用 DNA 双螺旋的性质巧妙地设计了两种"3-piont star"模块，它们之间可以通过微妙的相互作用从而有差别地连接。"3-piont star"模块实际上具有两个可以区分的面，模块之间通过分支臂连接的时候，如果分支臂的长度正好是整数转，则模块相同的面始终朝向一个方向；反之，如果模块之间通过非整数转的螺旋连接，则模块相同的面将朝向不同的方向[34]。因此，如果将模块之间的螺旋长度设计为非整数转，则具有相同序列的模块由于它们面的朝向不同，实际上可以认为是两种类型 A 和 B，并且 A 和 B 之间可以通过分支臂末端连接，而相同的模块之间不能连接（图 2-5，右，下）。将模块之间的螺旋设计为 4.5 转，并且控制"3-piont star"的浓度为 50nM，中间环长度 5 个碱基，经过退火自组装过程，Mao 等人合成出了 DNA 立方体。这样得到的 DNA 立方体由 8 个序列和结构完全相同，但是面朝向不同的"3-piont star"模块组成，相邻顶点上的模块面的朝向不同。每条边上相当于两条并行排列的 DNA，每条 4.5 转，含有 47 个碱基对[34, 41]（图 2-5，右，下）。

Mao 等人通过改进"模块分级自组装"方法，利用两种不同的模块间的连接作用对自组装过程进行调控，成功地合成了 DNA 立方体。根据前面叙述的机理可以看出，这种方法能够非常有效地控制最后几何体面上的顶点数目为偶数，这为 DNA 多面体的立体控制提供了有效策略，扩展了多面体的合成视野[41]。

Seeman 等人在合成 DNA 立方体的过程中，为了对每一步进行很好的控制，并且避免 DNA 之间发生不必要的配对，每条边上 DNA 的序列被设计成完全不同的。其中一条边上的 DNA 序列可以表示成：

$$CTGCATTCGGCCAGCCTGAC$$
$$GACGTAAGCCGGTCGGACGT$$

容易看出，序列不含有镜面对称元素 σ 和二次旋转对称轴 C_2，因此，Seeman 等人合成的 DNA 立方体的对称性由立方体的 O_h 群降低为 C_1 群，即不具有任何对称性。

（3）DNA 八面体。

2004 年，Shih 小组充分利用 DNA 的自组装性质合成了 DNA 八面体[42]。他们将一条设计好序列的 DNA 长链（~1.7kb（kilobases））在 5 条短链（长约 40 个核苷酸）的辅助下自组装成具有八面体形状的 DNA 三维结构。长链在 5 条短链的协助下首先形成中间体 M，再进一步折叠成最后的八面体结构（图 2-6a）。

Shih 小组开发的"一条链折叠"的合成策略利用 DNA 分子的特性巧妙地

合成了 DNA 八面体。这种方法后来被 Rothemund 推广成为一种普遍的用一条链合成 DNA 多面体的"折纸术"策略[8]。如果这些方法能够在实验室成功实现，就将给 DNA 多面体的高效合成和复制带来巨大突破。

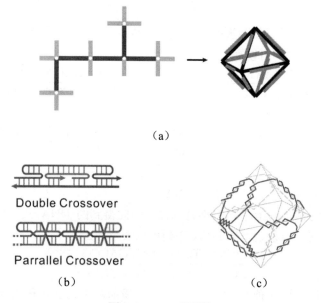

图 2-6   DNA 八面体

（a）用一条链经过树状中间体（左）自折叠成的 DNA 八面体（右）。树状中间体的红色
　　表示双交叉边，粉色的边将两两配对形成平行交叉模体边。最后的八面体具有两层，
　　核心层（黑色）的边通过顶点处的四臂分支连接形成八面体的骨架，每条边含有 40 对
　　碱基对；外围层（橙色）"背负"在核心层上，每条含有 30~35 对碱基对不等。
　　（b）DNA 双交叉边（下）和平行交叉边（上）模体，相当于两条并行的 DNA
　　双螺旋。颜色是为了区分不同的 DNA 链。注意在平行交叉边中，蓝色的边表示
　　合成中所使用的 DNA 短链，长 40 个核苷酸。（c）用"多条链一步"法合成的
　　DNA 八面体。由于子序列之间的连接碱基数目较多，整个结构柔性增加，因此
　　在八面体的顶点位置具有较大的空洞。颜色是为了区分立体图形的前后。

丹麦的 Knudsen 等人利用"多条链一步"的方法也成功合成了的 DNA 八面体[43]。他们设计了 8 条 DNA 单链，每条单链都含有三段长度为 18 个碱基的子序列。子序列之间用 7 个碱基连接。将 8 条链按照相同比例退火自组装，子序列之间互补配对形成八面体的棱。由于子序列之间的连接碱基数目较多（7 个碱基），因此最后的八面体的顶点位置有较大的空洞，而且每个三角形面都扭

转了一定的角度，形成一个歪斜的八面体（图 2-6c）。这个八面体的合成进一步证明了 Turberfield 小组开发的"多条链一步"合成法的有效性。由于最后形成的 DNA 八面体内部具有较大的空间，因此为用这种方法合成尺寸更大的 DNA 笼提供了可能。

Shih 等人用"一条链折叠"方法合成构建的 DNA 八面体，构成核心层和外围层的 DNA 序列可以写成：

GCACTTATCCGGACTAGATGCGCTGATCTGGGACGTCGAT
CGTGAATAGGCCTGATCTACGCGACTAGACCCTGCAGCTA

，

CAGGAGCAGGTGCCTCTGATAGCAACCAGGTGAGGA
GTCCTCGTCCACGGAGACTATCGTTGGTCCACTCCT

其中上面的 DNA 配对序列表示核心层，长度为 40bp，下面表示外围层。

而 Knudsen 等人设计合成的 DNA 八面体，尽管每条边上只含有一条 DNA 双螺旋，但是由于边上序列的不对称性，因此得到的 DNA 八面体也是不对称的。例如，它的一条边上的 DNA 序列可以表示成：

CGATGTCTAAGCTGACCG
GCTACAGATTCGACTGGC

。

容易看出，这两种 DNA 序列都不含有镜面对称元素 σ 和二次对称轴 C_2，因此利用上面两种方法合成的 DNA 八面体的对称群为 C_1 群，在八面体 O_h 群基础上发生了对称性破缺。

（4）DNA 十二面体。

Seeman 曾经提出过 DNA 十二面体的合成思路[44]，但是直到最近，人们才用两种不同的途径合成了 DNA 十二面体。

von Kiedrowski 小组将三条 DNA 单链以共价形式连接到有机小分子上，从而形成 tri 分子（tirsoligonucleotide，以下简称 tri）（图 2-7a）。Tri 分子相当于一个具有三个分支的分支 DNA，可以用来合成空间中的三度顶点，将若干个 tri 分子的 DNA 单链相互配对就可以合成出特定的三维纳米结构（图 2-7），因此 tri 分子又可以认为是一种新型的分支 DNA[45, 46]。

von Kiedrowski 等人设计了 20 个 tri 分子，每个都含有三条长度为 15 个碱基的 DNA 单链。恰当地设计这些序列，使得 tri 分子的 DNA 单链之间互补配对结合形成十二面体的棱，便可以通过退火组装合成出 DNA 十二面体[47]。令人惊奇的是这种非天然的 DNA 分子具有类似天然 DNA 一样的复制性，因此 von Kiedrowski 等人提出的方法也有可能为 DNA 多面体的复制提供方法[29, 48]。

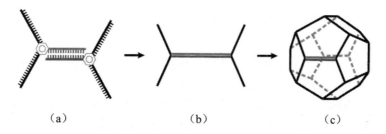

（a）   （b）   （c）

图 2-7   DNA 十二面体

三条 DNA 单链以共价形式与有机分子（红色）连接形成 tri 分子（a）。
Tri 分子的 DNA 单链通过互补配对（a，b）形成 DNA 十二面体（c），
蓝色和绿色分别表示两个 tri 分子的相互配对的 DNA。

　　最近，Mao 的小组利用他们的"模块分级自组装"方法成功地合成了 DNA
十二面体[32]。与 DNA 四面体类似，他们使用"3-piont star"模块合成十二面体
的 20 个三度顶点（图 2-8）。调整模块中未配对环的长度为 3 个碱基，并控制
中间体"3-piont star"模块的浓度为 50nM，经过退火自组装过程就可以合成出
DNA 十二面体，产率约为 76%。最后形成的 DNA 十二面体由 20 个相同的
"3-piont star"模块构成，十二面体的每条边相当于并排平行的一对 DNA 双螺
旋，长度为 42 个碱基对，宽 4nm。低温显微技术也证明了这样形成的 DNA 十
二面体具有很好的结构刚性[32]。

图 2-8   DNA 十二面体的合成

"模块分级自组装"法合成 DNA 十二面体的示意图。
DNA 十二面体的每个三度顶点都用"3-piont star"合成。

　　von Kiedrowski 等人设计合成的 DNA 十二面体的边上的 DNA 序列可以描
述为：

CCTGTCTTGAACGAG
GGACAGAACTTGCTC ，

并不含有对称镜面和对称轴，因此他们合成得到的 DNA 十二面体的对称性属于 C_1 点群。

Mao 等人采用"3-piont star"模块合成了 DNA 十二面体，每个顶点都由相同的模块合成，因此边上的 DNA 序列为：

CCTACGATGGACACGGTAACGCCTAGCAACCTGCCTGGCAAG
GGATGCTAC C TGTGCCATTGCGGATCGTTGGACGGACCGTTC

，

CTTGCCAGGCAGGTTGCTAGGCGTTACCGTGTCCATCGTAGG
GAACGGTCCGTCCAACGATCCGCAATGGCACAGGTAGCATCC

容易看出，这样形成的十二面体的边上具有 C_2 对称轴，因此 Mao 等人合成的 DNA 十二面体具有 I 对称性。

（5）DNA 二十面体。

在柏拉图多面体中，二十面体的结构最为复杂。因为二十面体的顶点度数，即"顶点价"等于 5，超出了化学中最常见和最普遍的结合能力，因此也最难以用化学手段合成。然而，最近 Mao 等人用"模块分级自组装"的方法成功合成构建了 DNA 二十面体[49]。

他们设计了"5-point star"模块用来合成二十面体的五度顶点。以前人们认为，要合成这种结构比较复杂的多面体，必须使每个模块具有很好的刚性，以便像类似搭积木一样的途径来组装目标结构。然而，Mao 等人给他们设计的"5-point star"模块以适当的柔性，将其中未配对环的长度设计为 5 个碱基。出人意料的是，这样的设计得到了非常好的效果，Mao 等人成功地将 12 个模块组装成 DNA 二十面体（图 2-9）。利用低温电子显微技术，他们得到了 DNA 二十面体的结构，证明了这种方法的有效性。

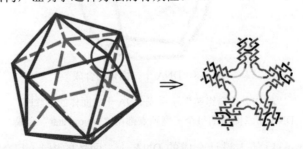

图 2-9　DNA 二十面体的合成

DNA 二十面体（左）可以通过将它的每个五度顶点用"5-point star"模块（右）合成得到。"5-point star"中的颜色表示不同的 DNA 单链。

利用这种方法得到的 DNA 二十面体，由于每个顶点都由相同的"5-point star"模块构成，每条边上的 DNA 序列可以写成：

CCTACGATGGACACGGTAACGCCTAGCAACCTGCCTGGCAAG
GGATGCTAC C TGTGCCATTGCGGATCGTTGGACGGACCGTTC
,
CTTGCCAGGCAGGTTGCTAGGCGTTACCGTGTCCATCGTAGG
GAACGGTCCGTCCAACGATCCGCAATGGCACAGGTAGCATCC

由于序列含有 C_2 对称轴，因此这样合成得到的 DNA 二十面体具有 I 对称性。

（6）DNA 阿基米德多面体。

阿基米德多面体是一类半正多面体，一共有 13 个。组成它们的每个面也是正则的，但是与柏拉图多面体不同，可以由几种面共同组成。到目前为止，成功合成的阿基米德多面体只有截角八面体和截角二十面体（图 2-10）。其中截角八面体为 O_h 群，截角十二面体为 I_h 群。和柏拉图多面体类似，为了描述相应 DNA 多面体的对称性，只需要讨论边上 DNA 序列的对称性即可。

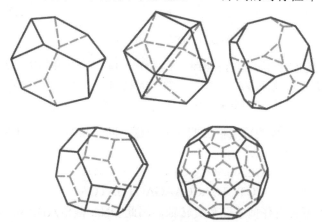

图 2-10 阿基米德多面体

图中阿基米德多面体依次是截角四面体、十四面体、截角立方体、截角八面体、截角二十面体。这些多面体都具有很高的对称性，是非手性的。截角八面体和截角二十面体已经合成。

（7）DNA 截角八面体。

DNA 截角八面体是在正八面体的基础上对每个角进行截角变换，得到的具有八个三角形和六个六边形组成的立体（图 2-11a）。

虽然截角八面体的每个顶点的度数是 3，但是为了得到更大的网格结构，Seeman 的小组采用四条臂的分支状 DNA 合成了每个顶点，这样做将有可能利用多余的一条臂进一步连接合成空间网格结构。在合成过程中，截角八面体的 6 个正方形被合成出来并且按照对应的顶点连接起来就形成了最后的结构（图 2-11b）。不过四臂分支 DNA 的一条额外臂很可能为最后结构的闭合方式提供唯一的选择，即多余的一条臂朝外的构型，这起到了很好的立体化学控制（图 2-11c）。最后的 DNA 截角八面体是由 14 个环嵌套形成的索烃，每个环含有 1000 多核苷酸不等，构成截角八面体每条边的 DNA 长度都是 20 对碱基对，6.8nm，2 转[18]。

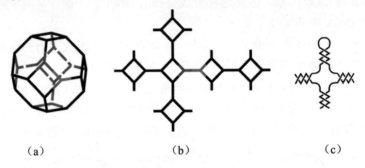

（a）　　　　　　　　（b）　　　　　　　　（c）

图 2-11　DNA 截角八面体

（a）DNA 截角八面体结构的示意图；（b）合成过程中的星状中间体，以及合成中
所使用的一端封闭的结构；（c）四臂分状 DNA。蓝色和绿色表示
顶点之间的连接可以通过分支状 DNA 合成。

DNA 截角八面体的每条棱上的序列完全不同，其中一条边上的 DNA 序列可以写成：

$$\underline{GCAGAGTGGTTCTCACTAGT}$$
$$\underline{CGTCTCACCAAGAGTGATCA}。$$

显然序列不含有任何镜面和旋转轴，因此 DNA 截角八面体的对称性由 O_h 群降低为 C_1 群，也就是不具有任何对称性。

（8）DNA 截角二十面体。

截角十二面体是一个非常有趣的几何体，该结构形状酷似足球。众所周之的 C_{60} 分子就具有截角十二面体的结构[50]。它具有 32 个面，60 个顶点，是一个非常复杂的几何体，合成难度很大。

Mao 等人用他们发展的"模块分级自组装"法成功合成了 DNA 截角二十面体。他们用"3-point star"合成截角十二面体的三度顶点（图 2-12）。通过调节未配对环的长度（3 个碱基），并且控制中间体"3-point star"的浓度为 500nM，

Mao 等人组装合成出了 DNA 截角十二面体，并且具有比较好的产率（69%）[32]。通过低温电子显微技术，Mao 等人还证明这样的 DNA 截角十二面体具有很好的结构刚性。比较大的刚性几何结构的合成今后也许会为药物输送、纳米反应器提供帮助。

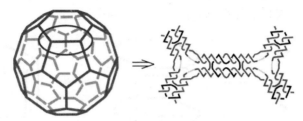

图 2-12　DNA 截角十二面体

DNA 截角十二面体（左）可以通过将它的每个三度顶点用"3-point star"模块（右）合成得到。"3-point star"中的颜色表示不同的 DNA 单链。

由于每个顶点都由完全相同的"3-point star"构成，因此 DNA 截角二十面体的每条边上的 DNA 序列为：

CCTACGATGGACACGGTAACGCCTAGCAACCTGCCTGGCAAG
GGATGCTAC C TGTGCCATTGCGGATCGTTGGACGGACCGTTC

，

CTTGCCAGGCAGGTTGCTAGGCGTTACCGTGTCCATCGTAGG
GAACGGTCCGTCCAACGATCCGCAATGGCACAGGTAGCATCC

容易看出，该序列含有二次旋转对称轴，因此 Mao 等人合成的截角二十面体的对称性为 I，在截角二十面体对称群 I_h 的基础上发生了一定程度的破缺。

（9）其他类型的 DNA 多面体：DNA 棱台、棱柱和 DNA 三角双锥。

棱台和三角双锥的特点是它们的对称性都比较低，属于 C 群或者 D 群，都具有某些旋转对称性（图 2-13）。

图 2-13　一些棱台和三角双锥

从左至右依次是三棱柱、五棱柱、六棱柱和三角双锥。一个明显的特征是它们都具有旋转对称性。

Sleiman 小组利用有机小分子修饰的 DNA 合成了一系列的 DNA 棱台[51]。他们用 DNA 单链和有机小分子合成了一系列的多边形的模块，有机分子作为顶点，DNA 单链作为边。再用一些长的 DNA 单链与这些模块的边互补配对形成双螺旋，从而将这些模块连接成三维结构（图 2-14）。由于这些结构具有很好的刚性，因此最后的棱台具有很好的稳定性[52, 53]。

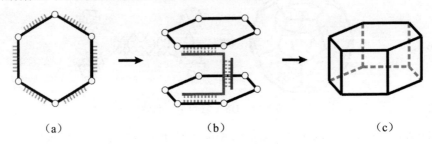

（a）　　　　　　　　　　（b）　　　　　　　　　　（c）

图 2-14　DNA 棱台的合成

多边形模块（a）由 DNA 单链（黑色）和一些有机小分子（圆形）构成。（b）多边形之间可以通过与一条长 DNA 单链（绿色）配对而相互连接。（c）长 DNA 链的未配对部分可以用一条短 DNA 链（红色）固定，从而形成 DNA 棱台。

他们用长度为 10 个碱基的 DNA 单链合成了三角形、四边形、五边形和六边形模块。然后在长度为 30 个碱基的长链和长度为 10 个碱基的短链的协助下，组装合成出了 DNA 三棱台、四棱台、五棱台、六棱台、DNA 双棱台以及边长可变的可动 DNA 棱台[66]，它们的几何参数总结于表 2-2。

表 2-2　各种 DNA 棱台及其几何参数

DNA 棱台	棱台的几何参数
三棱台/四棱台/五棱台/六棱台	上下底面边长：10bp； 侧棱：10bp
混合棱台/双棱台*	上（中）下底面边长：10bp； 侧棱：20bp
边长可变的三棱台	上下底面边长：10bp； 侧棱：(10,14,20)bp**

*混合棱台在这里指上下底面分别由三角形和六边形组成的棱台；而双棱台在这里指将两个混合棱台的六边形底面粘接而成的立体，由三角形、六边形、三角形三个底面构成。**(10,14,20)bp 指边长可变的三棱台的侧棱可以变动的三个状态下几何体侧棱的长度。

原则上，只要一个 DNA 三维结构能够分解成这样的模块，就可以用上面的策略合成。因此，他们的方法实际上朝着 DNA 三维结构的系统合成迈出了关键的一步[51]。

　　另外一个具有旋转对称性的几何体是三角双锥，它是化学分子中比较常见的结构。三角双锥有 9 条边，5 个顶点。顶点中两个是三度的，三个是四度的，为用普通的方法合成带来了巨大的困难。然而，Turberfield 小组利用"多条链一步"的方法成功地合成了 DNA 三角双锥。他们设计了 6 条 DNA 单链，每条都含有三段长度为 20 个碱基的子序列，之间通过一个碱基连接。将 6 条 DNA 单链按照化学计量比混合，经过退火自组装，Turberfield 等人得到了 DNA 三角双锥[54]（图 2-15）。最后得到的这个几何体的 9 条边中每条边含有 20 个碱基对，长为 7nm，其中 6 条边上有缺口（图 2-15）。DNA 三角双锥的成功合成表明 Turberfield 小组开发的"多条链一步"方法可能为顶点度数（价数）比较复杂的几何体的人工合成提供一个有效的途径。

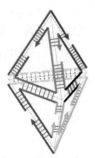

图 2-15　DNA 三角双锥

DNA 三角双锥由 6 条 DNA 单链构成。每条 DNA 单链含有三段子序列，分别用不同的
颜色表示。相同颜色的子序列之间可以通过互补配对形成 DNA 三角双锥的边。
每条 DNA 单链环绕三角双锥的三角形面一周，并且在一条边上形成缺口。
三角双锥的 9 条边中有 6 条边上含有缺口。

　　Sleiman 等人合成的 DNA 棱台的边上的序列可以写成：

$$\frac{\text{CCGATTTGTG}}{\text{GGCTAAACAC}},$$

而 Turberfield 等人合成的 DNA 三角双锥的边上 DNA 序列可以写成：

$$\frac{\text{CGAACATTCCTAAGTCTGAA}}{\text{GCTTGTAAGGATTCAGACTT}}。$$

　　容易看出，这两种序列都不含有对称面和旋转对称轴，因此这两类 DNA 多面体的对称性都由原来的 D_h 群降低为 C_1 群，即不含有任何对称性。

在 DNA 多面体的应用方面，牛津大学科学家认为 DNA 分子笼可能成为纳米级药物的递送车，DNA 分子笼是由 4 条人工合成的 DNA 短链组装成一个约为 7 纳米高的四面体，在进入实验室培养的人类胚胎肾脏细胞后发现，分子笼大部分完好无损地存在了很长时间[55]。这就使得 DNA 笼作为一种药物载体成为可能，它可以运送药物进入生物体直至药物作用后分解。

2.3   病毒多面体

病毒衣壳蛋白是由大量相同的蛋白亚单位构建成的三维结构。病毒衣壳蛋白对于病毒遗传信息的复制有着极其重要的作用和意义。现今所发现的病毒的衣壳蛋白大都近似于球形，因此很自然地人们就将多面体和病毒衣壳蛋白联系在一起，这里主要是用多面体结构来表征病毒衣壳蛋白。1962 年 Caspar 和 Klug 奠定了球状病毒二十面体对称性原理的基础，提出用相同的亚基通过"准等价原则"来组装球形病毒[56]，他们认为由亚基构成的五聚体和六聚体相互拼接形成了病毒衣壳蛋白。Caspar 和 Klug 所提出的三角剖分数 T 用来计算病毒亚基的数目，这里 h 和 k 是一对互质的正整数。

$$S = 60T = 60(h^2 + hk + k^2)f^2$$

这个思想非常近似于美国数学家 Goldberg 提出的 Goldberg 多面体，它是由 12 个五边形和若干个六边形构成二十面体对称的多面体。事实上著名的足球烯也是这种结构。如果用 Goldberg 多面体来描述富勒烯，表示如图 2-16 所示。

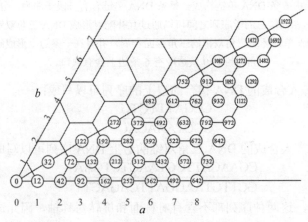

图 2-16 Goldberg 多面体的面数生成规律

事实证明这种二十面体对称的结构可以表征绝大多数病毒的衣壳蛋白[57]，它们都适合于"准等价原理"。但是近些年来，科学家们发现很多病毒并不符合这一规律，例如乳多空病毒、猿猴病毒、L-A 病毒等。比如 L-A 病毒衣壳的三角剖分数 $T = 1$，根据准等价原理它的亚基数 $S = 60T = 60$，而实验证明它的亚基数是 120。因此，这些不适用准等价原理的病毒衣壳蛋白需要新的理论去解释。理论生物学家在这方面已取得一些成绩，例如用圆环进行包装二十面体的方法、贴瓷砖法等。其中，贴瓷砖法运用了不同构型拼接包裹衣壳蛋白代替了以往仅用三角形进行剖分，极大地扩展了其适用范围。

2000 年，研究者发现了 HK97 噬菌体病毒的蛋白衣壳是一些相互嵌套的蛋白质链环构成的独特结构[58]。具体来讲，是 12 个五聚体和 60 个六聚体构成，实际上也是 Goldberg 多面体中的 72 面体。如果用链环表示这个结构，就是 12 个五边形环和 60 个六边形环，如图 2-17 所示。它的五边形环和六边形环分别是通过 5 个和 6 个 gp5 亚基通过异肽键相互连接形成，这样 420 个 gp5 亚基组成 12 个五边形环和 60 个六边形环，共 72 个蛋白质链环。令人惊奇的是噬菌体 HK97 的这种结构使得它的衣壳蛋白更为稳定。

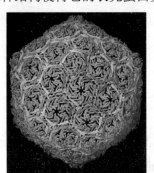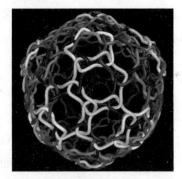

图 2-17　HK97 噬菌体及其链环结构

2.4　多面体研究的目的和意义

多面体优雅的结构已使它成为自然界中物质普遍存在的基本形式之一。在化学方面最具代表性的要属美丽的晶体和神奇的球碳分子，在生物方面有病毒衣壳蛋白。随着 DNA 纳米技术的发展，近些年来大量的 DNA 多面体的合成也成为该领域的前沿和焦点。多面体的研究已经和生物、化学、纳米技术等诸多方面有着密切的关系。对这些多面体形状的物质的研究不仅能促进合成化学、纳米技术的发展，也能为类似病毒等生物分子的结构提供新的认识。在实验和合成领域取得重要成果的同时，多面体结构的理论分析方面也有长足的进步，本人所在的研究组创造性地构筑了多面体链环来表征和刻画 DNA 多面体，事实证明，它是理想的数学模型。我们已经取得了令人瞩目的创造性成果[59, 60]。

    DNA 多面体和病毒等新颖多面体结构的出现不仅给化学实验工作者提供了新的合成目标，也给数学生物学、数学化学等理论工作者带来了新的机遇，但更多的是挑战。如 DNA 多面体的自组装机制是什么？DNA 多面体链环模型能否理想表征 DNA 多面体？链环的数学性质和规律是否也代表着 DNA 或者病毒多面体的某些规律？现有的方法和理论在解释这些新型奇特和复杂多面体结构时总是力不从心，这个激动人心的领域中的许多问题已不再是单靠单一学科就可以解决的了，它需要化学、数学、生物等多学科交叉且相辅相成才能取得些许的进步。因此，必须改变现有的研究方法，从一个更高的层次，以更广的视角重新审视和看待这些问题。本书的主要目标就是试图解决或部分解决上述问题。以多面体链环为基本构架，运用拓扑学和纽结的相关知识，在实验室以往工作的基础上，进一步发现和证明了多面体以及多面体链环在 DNA 纳米技术中的重要作用。

参 考 文 献

[1] J. D. Watson, F. H. C. Crick, Molecular structure of nucleic acids: A structure for deoxyribose nucleic acid[J]. Nature. 171 (1953): 737-738.

[2] J. D. Watson, F. H. C. Crick, Genetical implications of the structure of deoxyribonucleic acid[J]. Nature. 171 (1953): 964-967.

[3] P. J. Hagerman, Annual review of biophysics and biophysical chemistry[J]. Annu. Rev. Biophys. Biomol. Struct. 17 (1988): 265-286.

[4] R. E. Dickerson, The anatomy of A-, B-, and Z-DNA[J]. Science. 216 (1982): 475-485.

[5] H. Qiu, J. C. Dewan, N. C. Seeman, A DNA decamer with a sticky end: The crystal structure of d-CGACGATCGT[J]. J. Mol. Biol. 267 (1997): 881-898.

[6] N. C. Seeman, DNA in a material world[J]. Nature. 421 (2003): 427-431.

[7] N. C. Seeman, Nanomaterials based on DNA[J]. Annu. Rev. Biochem. 79 (2010): 65-87.

[8] J. Chen, N. Jonoska, G. Rozenberg, Nanotechnology: Science and Computation, Natural Computing Series[M]. Springer, Berlin, 2006.

[9] N. C. Seeman, Design of immobile nucleic acid junctions[J]. J. Theor. Biol. 99 (1982): 237-247.

[10] N. C. Seeman, N. R. Kallenbach, DNA branched junctions[J]. Annu. Rev. Biophys. Biomol. Struct. 23 (1994): 53-86.

[11] N. C. Seeman, N. R. Kallenbach, Design of immobile nucleic acid junctions[J]. Biophys. J. 44 (1983): 201-209.

[12] T. R. Broker, I. R. Lehman, Branched DNA molecules: Intermediates in T4 recombination[J]. J. Mol. Biol. 60 (1971): 131-149.

[13] Y. Wang, J. E. Mueller, B. Kemper, N. C. Seeman, Assembly and characterization of five-arm and six-arm DNA branched junctions[J]. Biochemistry. 30 (1991): 5667-5674.

[14] X. Wang, N. C. Seeman, Assembly and characterization of 8-arm and 12-arm DNA branched junctions[J]. J. Am. Chem. Soc. 129 (2007): 8169-8176.

[15] N. C. Seeman, The construction of three-dimensional stick figures from branched DNA[J]. DNA and Cell Biology. 10 (1991): 475-486.

[16] J. Chen, N. C. Seeman, Synthesis from DNA of a molecule with the connectivity of a cube[J]. Nature. 350 (1991): 631-633.

[17] N. C. Seeman, The use of branched DNA for nanoscale fabrication[J]. Nanotechnology. 2 (1991): 149-159.

[18] Y. Zhang, N. C. Seeman, Construction of a DNA-truncated octahedron[J]. J. Am. Chem. Soc. 116 (1994): 1661-1669.

[19] F. A. Aldaye, A. L. Palmer, H. F. Sleiman, Assembling materials with DNA as the guide[J]. Science. 321 (2008): 1795-1799.

[20] A. Heckel, M. Famulok, Building objects from nucleic acids for a nanometer world[J]. Biochimie. 90 (2008): 1096-1107.

[21] F. C. Simmel, Three-dimensional nanoconstruction with DNA[J]. Angew. Chem. Int. Ed. 47 (2008): 5884-5887.

[22] L. M. Adleman, Molecular computation of solutions to combinatorial

problems[J]. Science. 266 (1994): 1021-1024.

[23] N. Jonoska, S. A. Karl, M. Saito, Three dimensional DNA structures in computing[J]. BioSystems 52 (1999): 143-153.

[24] D. A. LaVan, T. McGuire, R. Langer, Small-scale systems for in vivo drug delivery[J]. Nat. Biotechnol. 21 (2003): 1184-1191.

[25] C. M. Erben, R. P. Goodman, A. J. Turberfield, Single-molecule protein encapsulation in a rigid DNA cage[J]. Angew. Chem. Int. Ed. 45 (2006): 7414-7417.

[26] J. Bath, A. J. Turberfield, DNA nanomachines[J]. Nat. Nanotechnol. 2 (2007): 275-284.

[27] R. P. Goodman, M. Heilemann, S. Doose, C. M. Erben, A. N. Kapanidis, A. J. Turberfield, Reconfigurable, braced, three-dimensional DNA nanostructures[J]. Nat. Nanotechnol. 3 (2008): 93-96.

[28] N. Mitchell, R. Schlapak, M. Kastner, D. Armitage, W. Chrzanowski, J. Riener, P. Hinterdorfer, A. Ebner, S. Howorka, A DNA nanostructure for the functional assembly of chemical groups with tunable stoichiometry and defined nanoscale geometry[J]. Angew. Chem. Int. Ed. 48 (2009): 525-527.

[29] C. Zhang, C. Mao, DNA nanotechnology: Bacteria as factories[J]. Nat. Nanotechnol. 3 (2008): 707-708.

[30] R. P. Goodman, R. M. Berry, A. J. Turberfield, The single-step synthesis of a DNA tetrahedron[J]. Chem. Commun. 12 (2004): 1372-1373.

[31] R. P. Goodman, A. T. Schaap, C. F. Tardin, C. M. Erben, R. M. Berry, C. F. Schmidt, A. J. Turberfield, Rapid chiral assembly of rigid DNA building blocks for molecular nanofabrication[J]. Science. 310 (2005): 1661-1665.

[32] Y. He, T. Ye, M. Su, C. Zhang, A. E. Ribbe, W. Jiang, C. Mao, Hierarchical self-assembly of DNA into symmetric supramolecular polyhedral[J]. Nature. 452 (2008): 198-202.

[33] Y. He, C. Mao, Balancing flexibility and stress in DNA nanostructures[J]. Chem. Commun. (2006): 968-969.

[34] Y. He, Y. Chen, H. P. Liu, A. E. Ribbe, C. Mao, Self-assembly of hexagonal DNA two-dimensional (2D): Arrays[J]. J. Am. Chem. Soc. 127 (2005): 12202-12203.

[35] H. Yan, S. H. Park, G. Finkelstein, J. H. Reif, T. H. LaBean, DNA-

templated self-assembly of protein arrays and highly conductive nanowires[J]. Science. 301 (2003): 1882-1884.

[36] Y. He, Y. Tian, Y. Chen, Z. Deng, A. E. Ribbe, C. Mao, Sequence symmetry as a tool for designing DNA nanostructures[J]. Angew. Chem. Int. Ed. 44 (2005): 6694-6696.

[37] Y. He, Y. Tian, A. E. Ribbe, C. Mao, Highly connected two-dimensional crystals of DNA six-point-stars[J]. J. Am. Chem. Soc. 128 (2006): 15978-15979.

[38] X. Li, X. Yang, J. Qi, N. C. Seeman, Antiparallel DNA double crossover molecules as components for nanoconstruction[J]. J. Am. Chem. Soc. 118 (1996): 6131-6140.

[39] P. Sa-Ardyen, A. V. Vologodskii, N. C. Seeman, The flexibility of DNA double crossover molecules[J]. Biophys. J. 84 (2003): 3829-3837.

[40] H. L. Frish, E. Wasserman, Chemical topology[J]. J. Am. Chem. Soc. 83 (1961): 3789-3795.

[41] C. Zhang, S. H. Ko, M. Su, Y. -J. Leng, A. E. Ribbe, W. Jiang, C. Mao, Symmetry controls the face geometry of DNA polyhedra[J]. J. Am. Chem. Soc. 131 (2009): 1413-1415.

[42] W. M. Shih, J. D. Quispe, G. F. Joyce, A 1.7-kilobase single-stranded DNA that folds into a nanoscale octahedron[J]. Nature. 427 (2004): 618-621.

[43] F. F. Andersen, B. Knudsen, C. L. P. Oliveira, R. F. Frøhlich, D. Krüger, J. Bungert, M. Agbandje-McKenna, R. McKenna, S. Juul, C. Veigaard, J. Koch, J. L. Rubinstein, B. Guldbrandtsen, M. S. Hede, G. Karlsson, A. H. Andersen, J, S, Pedersen, B. R. Knudsen, Assembly and structural analysis of a covalently closed nano-scale DNA cage[J]. Nucleic Acids Res. 36 (2008): 1113-1119.

[44] N. C. Seeman, Nucleic acid nanostructures and topology[J]. Angew. Chem. Int. Ed. 37 (1998): 3220-3238.

[45] M. Chandra, S. Keller, C. Gloeckner, B. Bornemann, A. Marx, New branched DNA constructs[J]. Chem. Eur. J. 13 (2007): 3558-3564.

[46] M. Scheffler, A. Dorenbeck, S. Jordan, M. Wüstefeld, G. von Kiedrowski, Self-assembly of trisoligonucleotidyls: The case for nano-acetylene and nano-cyclobutadiene[J]. Angew. Chem. Int. Ed. 38 (1999): 3311-3315.

[47] J. Zimmermann, M. P. J. Cebulla, S. Mönninghoff, G. von Kiedrowski,

Self-assembly of a DNA dodecahedron from 20 trisoligonucleotides with C_{3h} linkers[J]. Angew. Chem. Int. Ed. 47 (2008): 3626-3620.

[48] L. H. Eckardt, K. Naumann, W. M. Pankau, M. Rein, M. Schweitzer, N. Windhab, G. von Kiedrowski, DNA nanotechnology: Chemical copying of connectivity[J]. Nature. 420 (2002): 286.

[49] C. Zhang, M. Su, Y. He, X. Zhao, P. Fang, A. E. Ribbe, W. Jiang, C. Mao, Conformational flexibility facilitates self-assembly of complex DNA nanostructures[J]. Proc. Natl. Acad. Sci. 105 (2008): 10665-10669.

[50] H. W. Kroto, J. R. Heath, S. C. O'Brien, R. F. Curl, R. E. Smalley, C_{60}: Buckminsterfullerene[J]. Nature. 318 (1985): 162-163.

[51] F. A. Aldaye, H. F. Sleiman, Modular access to structurally switchable 3D discrete DNA assemblies[J]. J. Am. Chem. Soc. 129 (2007): 13376-13377.

[52] F. Rakotondradany, H. F. Sleiman, M. A. Whitehead, Theoretical study of self-assembled hydrogen-bonded azodibenzoic acid tapes and rosettes[J]. J. Mol. Struct. (THEOCHEM) 806 (2007): 39-50.

[53] F. A. Aldaye, H. F. Sleiman, Dynamic DNA templates for discrete gold nanoparticle assemblies: Control of geometry, modularity, write/erase and structural switching[J]. J. Am. Chem. Soc. 129 (2007): 4130-4131.

[54] C. M. Erben, R. P. Goodman, A. J. Turberfield, A self-assembled DNA bipyramid[J]. J. Am. Chem. Soc. 129 (2007): 6992-6993.

[55] A. S. Walsh, H. -F. Yin, C. M. Erben, M. J. A. Wood, A. J. Turberfield, DNA cage delivery to mammalian cells[J]. ACS Nano. 5 (2011): 5427-5432.

[56] D. L. D. Caspar, A. Klug, Physical principles in the construction of regular viruses[J]. Cold Spring Harb. Symp. Quant. Biol. 27 (1962): 1-24.

[57] R. Zandi, D. Reguera, R. F. Bruinsma, W. M. Gelbart, J. Rudnick, Origin of icosahedral symmetry in viruses[J]. PNAS. 101 (2004): 15556-15560.

[58] W. R. Wikoff, L. Liljas, R. L. Duda, H. Tsuruta, R. W. Hendrix, J. E. Johnson, Topologically linked protein rings in the Bacteriophage HK97 Capsid[J]. Science. 289 (2000): 2129-2133.

[59] W. -Y. Qiu, Z. Wang, G. Hu, The Chemistry and Mathematics of DNA Polyhedra[M]. NOVA, New York, 2010.

[60] G. Hu, W. -Y. Qiu, A. Ceulemans, A new Euler's formula for DNA polyhedra[J]. PLoS ONE. 6 (2011): e26308.

第3章 扩展的柏拉图多面体及其在化学中的应用

多面体的构造已成为化学中一个引人瞩目的研究课题。本章基于柏拉图多面体研究了 Goldberg 方法，从一个新颖的角度出发，将此构造方法运用于四种柏拉图多面体上，构造出了四种扩展的柏拉图多面体：扩展的十二面体、扩展的四面体、扩展的六面体和扩展的八面体。其中扩展的四面体、六面体和十二面体可以分别通过添加六边形构造，而扩展的八面体通过添加四边形构造。同时证明了此方法不适用于二十面体。近些年来随着测试技术的不断提高，结构化学取得了很大进展，凝聚态物理、固体化学、材料化学、矿物学、金属有机化学、纳米材料、无机化学等学科中的不少化合物发现具有 Goldberg 多面体结构。上述领域中有些化合物还存在对偶多面体，这就更丰富了化学上多面体结构的类型。因而用 Goldberg 方法研究多面体构形并探索其在化学方面的应用，可以扩大对合成化学和结构化学的考虑思路，促进对新分子结构的理解以及为实验合成新的化合物提供指导。

3.1 引　言

在第 1 章中，已经提到了柏拉图多面体（Platonic solids 或 Platonic polyhedra）。此类多面体共有 5 种——正十二面体、正四面体、正六面体（立方体）、正八面体和正二十面体。1937 年，数学家 Goldberg 详细研究了在正十二面体的五边形上添加六边形的情况，也简略提及了在正四面体和正六面体上添加六边形的结果[1]，但没有涉及到具体化合物的例子。1991 年被《科学》杂志选为明星分子的 C_{60}[2]，它有 60 个顶点，是由 20 个正六边形和 12 个正五边形共同组成的 32 面体[6^{20} 5^{12}]，具有足球外形，有很高的对称性，它的结构可用 Goldberg 方法从正十二面体导出，因而 Goldberg 方法受到了人们广泛的关注，更令人惊奇的是 Goldberg 多面体可以很好地表征大部分球形病毒的衣壳蛋白质结构[3-5]。

在对富勒烯的研究中，研究者更侧重于 Goldberg 规律对多面体的表征[6]。

本研究组也做了 Goldberg 多面体模型在病毒结构的应用中的研究[7]。本章主要基于柏拉图多面体研究了 Goldberg 方法及其生长规律，构造了四种扩展的柏拉图多面体：扩展的四面体、扩展的六面体、扩展的八面体和扩展的二十面体。同时，也证明了此方法不适用于二十面体。

3.2   Goldberg 构造方法

研究 Goldberg 多面体是如何构造的就要搞清楚什么是 Goldberg 多面体。Goldberg 多面体[1, 7, 8]是一类具有二十面体对称性的富勒烯多面体，它是由 12 个对称分布的五边形和若干个六边形拼接而成的，并且它的每个顶点度数都是 3。事实上，Coxeter 在 1971 年解释球状病毒时也发现了同样的组装原则[9]。同样，Deza 及其合作者在锯齿形和中心回路（zigzags and central circuits）的 3-、4-价平面图形（3- and 4-valent plane graphs）的结构性质上完成了大量有意义的工作[10-14]，这里也用到了 Goldberg-Coxeter 构造[11]。Goldberg 虽然总结出了由正十二面体生成多面体类的生长规律[1]，但是没有明确地表述如何得出这样的结论。我们首先研究 Goldberg 的构造过程，把 Goldberg 的一系列操作称为 Goldberg 方法，可以将其分解为三个步骤：分拆，添加，组装。

第一步：分拆。其操作就是将由 12 个五边形组成的十二面体分成 12 个正五边形，如图 3-1 所示。

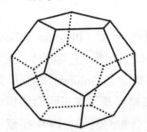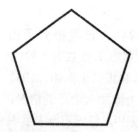

图 3-1　将一个正十二面体分拆成正五边形

第二步：添加。在第一步分拆下来的 12 个正五边形周围添加六边形面，图 3-2 显示了在其中一个正五边形面周围添加六边形面得到的图形。

第三步：组装。将刚才已分拆下的 12 个正五边形各自经过添加得到的部分再重新拼接起来。图 3-3 就是 72 面体示意图[5^{12} 6^{60}]，它是在正十二面体的 12 个五边形的基础上，添加 60 个六边形拼接形成。大家所熟悉的 C_{60} 足球烯就是这种构造。

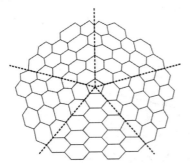

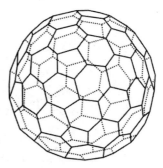

图 3-2　在一个正五边形面的周围添加六边形　　　图 3-3　72 面体

3.3　扩展的十二面体

3.3.1　扩展的十二面体的性质

上述例子得到的多面体保持正十二面体的顶点度数和对称性，即满足性质：

（1）扩展的十二面体正则且顶点度数为 3；

（2）扩展的十二面体的对称性满足 I 或 I_h。

有了条件（1）的限制，设 x 个 y 边形面添加在正十二面体上，就有

$$F = 12 + x \qquad\qquad ①$$

$$E = 30 + \frac{xy}{2} \qquad\qquad ②$$

$$V = 20 + \frac{xy}{3} \qquad\qquad ③$$

代入 $F - E + V = 2$，得到 $(12+x) - (30 + xy/2) + (20 + xy/3) = 2$，就有 $x\left(1 - \dfrac{y}{6}\right) = 0$，最后 $y = 6$。

结合限制条件（2），对添加的六边形面就必须有所要求。图 3-4 是在一个正五边形周围添加六边形面时的情况，可以分为 5 个相同的部分；图 3-5 是在一个正六边形周围添加六边形面时的情况，可以分为 6 个相同的部分。

如果只在拓扑层面上比较正五边形周围添加六边形面的情况，如图 3-4 所示；正六边形周围添加六边形面的情况，如图 3-5 所示。可以发现这两种情况下在一部分内添加六边形面的数目是相同的。图 3-6 显示了一部分内正六边形

周围添加六边形面的分布情况。根据极坐标内六边形面的分布可以计算出来它们的数目。这样，一部分内五边形周围添加六边形面的，它们的数目也可以计算。

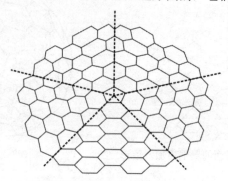

图 3-4　在一个正五边形周围添加六边形面时六边形面的分布情况

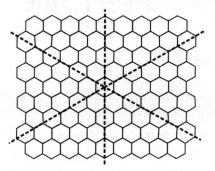

图 3-5　在一个正六边形周围添加六边形面时六边形面的分布情况

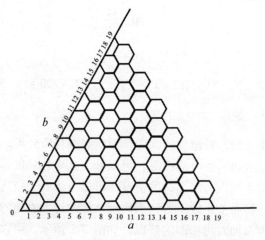

图 3-6　在一个部分内六边形面的分布情况[1]

3.3.2　扩展的十二面体的生成规律

用 a、b 建立一部分内六边形的极坐标系，那么图中的点到顶点的距离为：$a^2 + ab + b^2$，运用数学的方法可以计算出在一个部分内在五边形周围添加六面体的数量是 $(a^2 + ab + b^2 - 1)/6$，正五边形周围有 5 个相同的这样的部分，因此正五边形面周围可添加的六边形面的数目为 $5(a^2 + ab + b^2 - 1)/6$，在正十二面体上有 12 个这样对称分布的正五边形，所以在正十二面体上可添加的六边形的数量为 $10(a^2 + ab + b^2 - 1)$，最后加上 12 个正五边形，很容易可以得到多面体的面的总数是 $10(a^2 + ab + b^2) + 2$，如图 3-7 所示。

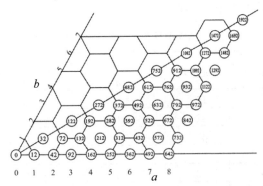

图 3-7　在正十二面体上添加六边形面得到的多面体面数[1]

图 3-7 中的每一个数字都代表一个多面体，它是完全由两种正多边形面构成的多面体，把此类多面体又称为 Goldberg 多面体。图 3-8 是 42 面体、72 面体、92 面体的结构。

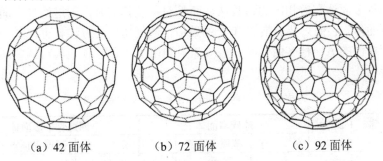

（a）42 面体　　　（b）72 面体　　　（c）92 面体

图 3-8　三种扩展的十二面体

扩展的十二面体的面数 F、边数 E、顶点数 V 的生成规律，可以用公式表示为：

$$F = 10(a^2 + ab + b^2) + 2 \qquad ④$$

$$E = 30(a^2 + ab + b^2) \qquad ⑤$$

$$V = 20(a^2 + ab + b^2) \qquad ⑥$$

（a、b 的值不能同时为 0）

3.3.3　扩展的十二面体的应用

近年来化学方面已经发现了不少 Goldberg 多面体的实例。球碳中除 C_{60} 外，所发现的 C_{20}、C_{80}、C_{140}、C_{180}、C_{240}、C_{540} 都是具有 I 对称性的 Goldberg 多面体，它们的有关数据列于表 3-1 中。

表 3-1　球碳中具有 I 对称性的 Goldberg 多面体

球　　碳	顶点数 V	面数 F	图 3-7 中的 a、b 值		对　称　性
			a	b	
C_{20}	20	12	1	0	I_h
C_{60}	60	32	1	1	I_h
C_{80}	80	42	2	0	I_h
C_{140}	140	72	2	1	I
C_{180}	180	92	3	0	I_h
C_{240}	240	122	2	2	I_h
C_{540}	540	272	3	3	I_h

Goldberg 多面体也有对偶多面体。根据欧拉公式，对有着相同边数 E 的球碳多面体和封闭型硼烷多面体，硼烷多面体的面数将等于球碳多面体的顶点数。当这两种多面体有着相同的边数 E，而且对称性相同时，则这两种多面体互为对偶多面体。它们只要交换 E 和 F 的数值，通过切角的方法就可以从一种多面体得到对偶的另一种多面体[15]。表 3-2 中列出了 3 种球碳和其对偶多面体的结构的特点。

表 3-2　一些 Goldberg 多面体及其对偶多面体

对　称　性	边数 E	球碳多面体			硼烷骨干多面体		
		分　　子	碳原子顶点	F	分　　子	硼原子顶点	F
I_h	30	C_{20}	20	12	$B_{12}H_{12}^{2-}$	12	20
I_h	90	C_{60}	60	32	$B_{32}H_{32}^{2-}$	32	60
I_h	120	C_{80}	80	42	$B_{42}H_{42}^{2-}$	42	80

科学家们在制出常量的 C_{60} 后又陆续制备出多种洋葱形状的碳粒，通过投射电子显微镜观察发现这种炭黑颗粒具有理想的洋葱状层形结构，可以理想地理解这种碳粒呈准圆球形的多层结构，每一层都可以看作形成一个多面体，都是由六边形面和五边形面相互共边连接而成[15]。洋葱形的碳粒由于制备条件各异，有不同的内径。对于某些多层包合结构的洋葱形碳粒，我们理想化地将最内层的结构看作是由碳 C_{60} 构成。从第二层起，碳原子的数目可用 $60n^2$ 计算（n 表示层数）。各层碳原子数目、多面体的边数 E 和面数 F 列于表 3-3，从表中可以看到洋葱形碳粒的数据与图 3-7 中的数据是一致的。当第一层碳原子数为 60 时，各层多边形的面数分布在图 3-7 中 $a = b$ 的直线上。

表 3-3　洋葱形碳粒各层碳原子数、面数和边数

层　序　数	碳 原 子 数	边数 E	多面体数目		图 3-7 中的 a、b 值	
			五 边 形 面	六 边 形 面	a	b
1	60	90	12	20	1	1
2	240	360	12	110	2	2
3	540	810	12	260	3	3
4	960	1440	12	470	4	4
5	1500	2250	12	740	5	5
6	2160	3240	12	1070	6	6
7	2940	4410	12	1460	7	7
8	3840	5760	12	1910	8	8
9	4860	7290	12	2420	9	9
10	6000	9000	12	2990	10	10

某些金属有机化合物也存在 C_{60} 的结构，如 $Al_{50}(C_p^*)_{12}$ 是一个很大的分子，分子式为 $Al_{50}C_{120}H_{180}$[16]，C_p^* 为五甲基环戊二烯基 $(CH_3)_5C_5$-，在其晶体结构中，12 个 C_p^* 配位体中的 60 个 CH_3 基团在表面上呈现类似球碳 C_{60} 中 C 原子排列的几何学[17]。通过模型计算，不单是配合物结构本身，而且 Al_{38} 原子簇也对结构的稳定性起着重要的作用。

硼原子也能结合成类似 C_{60} 的多面体结构。在 β-三方硼的结构中的 B_{84} 单元，B 原子的结合是三层多面体的包合结构，最外层为 60 个硼原子，以 B-B 键连接成含 12 个五边形面和 20 个六边形面的 B_{60}。

合金也存在类似 C_{60} 的多面体结构。金属间相（intermetallic phase）$Li_{13}Cu_6Ga_{21}$ 是一种多层多面体结构的合金[18]，组成近似球体的结构。其晶胞含

四个 $Li_{13}Cu_6Ga_{21}$ 化学式单元。合金的第四层是由 Ga_{60} 组成的切角二十面体$[5^{12} 6^{20}]$。$(Al,Zn)_{49}Mg_{32}$ 立方相合金是已知结构最复杂的合金之一，属于立方晶系。晶胞中的 162 个原子可用 4 层包合多面体结构描述，第三层由 48 个（$Al_{0.36}$, $Zn_{0.64}$）统计原子和 12 个 Mg 原子共同组成不规则的切角二十面体，有 60 个顶点、32 个面。

2010 年加拿大、美国和法国的科学家通过红外光谱仪和空间望远镜测定[19]，在地球外的星际环境中，在一种年青的低激发的行星云（其中的白矮星仍然被稠密的行星喷出物所笼罩）发现了 C_{60} 和 C_{70}。在地球上球碳是在贫氢的气氛中合成（用氦作为缓冲气氛），C_{60} 是最稳定的物种，含量最丰富，其后是 C_{70}，从两者的比较中表明年青的低激发的行星云最少在几千年前就已彻底喷射出它的氢气包裹物，并暴露出含氦的内壳成分。可以认为，其后的热脉冲产生的喷出物，是由温暖的、不明朗物和贫氢行星云核组成的，这样的环境会含有较丰富的球碳。上述实验表明，只要条件合适，球碳在太空中也能有效地生成。

3.4　扩展的四面体

3.4.1　扩展的四面体的性质

扩展的四面体的性质为：

（1）扩展的四面体顶点度数为 3。

（2）扩展的四面体对称性 T 或者 T_d。

为了满足条件（1），设 x 个 y 边面形添加在正四面体上。我们有：

$$F = 4 + x \qquad ⑦$$
$$E = 6 + xy/2 \qquad ⑧$$
$$V = 4 + xy/3 \qquad ⑨$$

代入 $F - E + V = 2$，得到 $(4+x) - (6 + xy/2) + (4 + xy/3) = 2$，就有 $x\left(1 - \dfrac{y}{6}\right) = 0$，最后 $y = 6$，这符合证明。

因此扩展的四面体只能是一种包含三边形和六边形的多面体。

3.4.2　扩展的四面体的生成规律

结合对称性的限制条件（2），六边形的添加规则和扩展的十二面体一样，如图 3-5 和图 3-6 所示。图 3-6 显示了一部分内六边形的分布情况。同样很容易可以计算出一个部分内在正三角形周围添加六边形面的数目是 $(a^2 + ab + b^2 - 1)/6$，正三角形周围有 3 个相同的这样的部分，因此正三角形周围可添加的六边形面的数目为 $(a^2 + ab + b^2 - 1)/2$，正四面体有 4 个这样对称分布的正三角形，所以在正四面体上可添加的六边形面的数目为 $2(a^2 + ab + b^2 - 1)$，最后加上 4 个正三角形，可以得到的多面体的面的总数是 $2(a^2 + ab + b^2) + 2$（图 3-9）。

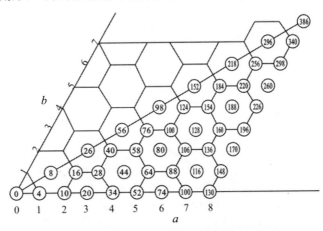

图 3-9　在正四面体上添加六边形面得到的多面体面数

扩展的四面体的面数 F、边数 E、顶点数 V 的生成规律，可用公式表示为：

$$F = 2(a^2 + ab + b^2) + 2 \qquad ⑩$$

$$E = 6(a^2 + ab + b^2) \qquad ⑪$$

$$V = 4(a^2 + ab + b^2) \qquad ⑫$$

（a、b 的值不能同时为 0）

3.4.3　扩展的四面体的应用

图 3-9 中 $a = 1$、$b = 1$ 时，所得的八面体就是阿基米德多面体中的截角正四面体。含碳化合物就具有这样的结构。当一个球碳（或球碳烷）C_n 多面体由六边形面及三角形面共同组成时，它的最高对称性为 T_d[17]。它和其对偶多面体，即由 6 条边或 3 条边汇聚成的封闭型硼烷多面体 B_n 的关系如图 3-10 所示。

截角正四面体的对偶多面体称为三锥合四面体（Triakis tetrahedron），是卡塔兰多面体（Catalan polyhedra）之一。Triakis tetrahedron 的顶点数为 8，面数为 12，边数为 18。化学上已经合成出不少此类型的化合物，除 B_8 外，如 [Os(CO)$_3$]$_4$O$_4$、[NiCp]$_4$P$_4$、[Mn(CO)$_3$]$_4$(SEt)$_4$、[Co(CO)$_3$]$_4$Sb$_4$ 等也属于此类，可看作金属原子 M 排列成四面体，O、S、P、Sb 等原子加帽在四个面上，形成杂原子立方体形簇合物，其中每条棱边都是 2c-2e M-O 键或 M-P 键等。Co$_4$H$_4$(C$_5$Me$_4$Et)$_4$ 的结构已在热力学温度 20k 下用中子衍射测定，4 个 Co 形成四面体，在 4 个顶点外接(μ_5–C$_5$Me$_4$Et)配位体，而 4 个面上加帽氢负离子(μ_3- H$^-$)。在锂化合物中也存在此类型的 Li$_4$ 簇配合物的结构，如(LiBr)$_2$·(CH$_2$CH$_2$CHLi)$_2$·4Et$_2$O 和[C$_6$H$_4$CH$_2$N(CH$_3$)$_2$Li]$_4$ 等。

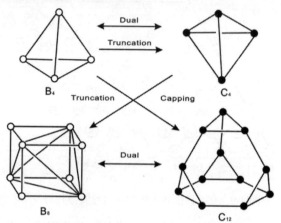

图 3-10　具有 T_d 对称性的 B_n 和 C_n 的对偶多面体

3.5　扩展的六面体

3.5.1　扩展的六面体的性质

扩展的六面体的性质为：

（1）扩展的六面体顶点度数为 3。

（2）扩展的六面体对称性为 O 或者 O_h。

为了满足条件（1），设 x 个 y 边形面添加在正六面体上。就有：

$$F = 6 + x \qquad ⑬$$
$$E = 12 + xy / 2 \qquad ⑭$$
$$V = 8 + xy / 3 \qquad ⑮$$

代入 $F - E + V = 2$，得到 $(6+x) - \left(12 + \dfrac{xy}{2}\right) + \left(8 + \dfrac{xy}{3}\right) = 2$。

最后解得 $y = 6$，这符合证明。

因此扩展的六面体上只能是一种包含四边形和六边形的多面体。

3.5.2　扩展的六面体的生成规律

结合对称性的限制条件（2），六边形的添加规则和扩展的十二面体一样，如图 3-5 和图 3-6 所示。图 3-6 显示了一部分内六边形的分布情况。仍然可以计算出一个部分内在正四边形周围添加六边形面的数目为 $(a^2 + ab + b^2 - 1)/6$，正四边形周围有 4 个相同的这样的部分，因此正四边形周围可添加的六边形面的数目为 $2(a^2 + ab + b^2 - 1)/3$，正六面体有 6 个这样对称分布的正四边形，所以在正六面体上可添加的六边形面的数目为 $4(a^2 + ab + b^2 - 1)$，最后加上 6 个正四边形，可以得到的多面体的面的总数是 $4(a^2 + ab + b^2) + 2$（图 3-11）。

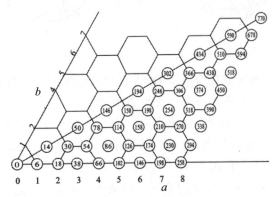

图 3-11　在正六面体上添加六边形面得到的多面体面数

扩展的六面体的面数、边数、顶点数的生成规律，可用公式表示为：

$$F = 4(a^2 + ab + b^2) + 2 \qquad ⑯$$

$$E = 12(a^2 + ab + b^2) \qquad ⑰$$

$$V = 8(a^2 + ab + b^2) \qquad ⑱$$

（a、b 的值不能同时为 0）

3.5.3　扩展的六面体的应用

图 3-11 中 $a = 1$、$b = 1$ 时，所得的十四面体即是所谓的阿基米德多面体中

的截角正八面体。含碳化合物就具有这样的结构。当一个球碳（或球碳烷）C_n 多面体由六边形面及四角形面共同组成时，它的最高对称性为 O_h。它和其对偶多面体，即由 6 条边或 4 条边汇聚成的封闭型硼烷多面体 B_n 的关系如图 3-12 所示。

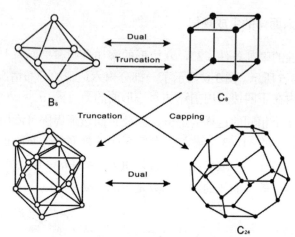

图 3-12 具有 O_h 对称性的 B_n 和 C_n 的对偶多面体

1994 年，Seeman 成功合成了 DNA 截顶八面体[20]，它有 6 个四边形 DNA 环和 8 个六边形 DNA 环，每个边长约 20 纳米。

沸石分子筛中也有此十四面体结构。常用的沸石分子筛是由硅酸铝盐或磷酸铝盐等组成的晶态多孔物质，分子筛是由（SiO_4）、（AlO_4）或（PO_4）等四面体结构单元（TO_4，T 代表 Si、Al 或 P）共顶点连接形成的三维骨架。在骨架中每个 T 原子都与 4 个 O 原子配位，骨架中常常带有一定的负电荷，由骨架外的正离子来平衡其电荷。该分子筛由 24 个（TO_4）四面体共顶点连接形成十四面体，记号为[$4^6\,6^8$]，由六个四边形面和八个六边形面组成。

十四面体的另一个例子是水合包含物 $HEF_6 \cdot 5H_2O \cdot HF$（E = P、As 或 Sb 原子）的结构，可看作由 H_2O 和 HF 共同组成带正电性的立方晶系主体骨架。该骨架由十四面体[$4^6\,6^8$]共面连接而成，这种多面体骨架和方钠石的多面体相同。负离子 EF_6 按一定规律无序地处于骨架的多面体中。

α-AgI 是一类重要的固体离子导电材料，其结构为离子的多层多面体，内层是 24 个银离子组成的 Truncated octahedron[$4^6\,6^8$]。[$Pt_{38}(CO)_{44}H_m$]$^{2-}$ 为过渡金属簇合物中的多层包合多面体，38 个 Pt 原子的排布可分为内外两层，外层由 32 个 Pt 原子组成 Truncated octahedron[$4^6\,6^8$]，其中 24 个处在顶角上，8 个处在

8 个六边形的中心位置。

图 3-12 中 a = 2、b = 0 时，即得到 18 面体。AST 分子筛的骨架有此结构，记号为[4⁶ 6¹²]，这些多面体的面都是平面或者是接近于平面的结构。

3.6　扩展的八面体

3.6.1　扩展的八面体的性质

扩展的八面体的性质为：

（1）扩展的八面体顶点度数为 3。

（2）扩展的八面体对称性为 O 或者 O_h。

为了满足条件（1），设 x 个 y 边形面添加在正八面体上。就有：

$$F = 8 + x \qquad\qquad ⑲$$

$$E = 12 + \frac{xy}{2} \qquad\qquad ⑳$$

$$V = 6 + \frac{xy}{4} \qquad\qquad ㉑$$

代入 $F - E + V = 2$，得到 $(8 + x) - \left(12 + \frac{xy}{2}\right) + \left(6 + \frac{xy}{4}\right) = 2$。

解得 $y = 4$。

因此扩展的八面体上只能是一种包含三角形和四边形的多面体。

3.6.2　扩展的八面体的生成规律

结合对称性的限制条件（2），添加的四边形必须满足相似的规则。图 3-13 显示了如何在一个正三角形周围添加四边形面的情况。如图 3-13 所示，添加的四边形被分成三个相同的部分，这也是添加过程中四边形保持的 C_3 对称。同样的，图 3-14 显示了在一个正四边形周围添加正四边形面的情况。如图 3-14 所示，添加的四边形被分成四个相同的部分，以保持 C_2 和 C_4 对称。因此，扩展的八面体保持 O 或者 O_h 对称性。同样的，如果在拓扑层面上比较正三角形周围添加四边形面的情况（如图 3-13）和正四边形周围添加四边形面的情况（如图 3-14），可以发现这两种情况下一部分内添加四边形面的数目是相同的，如图 3-15。图 3-15 显示了一部分内四边形的分布情况。根据极坐标内四边形的分布，它们的数目可以计算出来。可以计算出在一个部分内可添加的四边形面的数目是 $(a^2 + b^2 - 1)/4$ ，正三角形周围有 3 个相同的这样的部分，因此正三角形周围可添加的四边形面的数目为 $3(a^2 + b^2 - 1)/4$ ，正八面体有 8 个这样对称分布的正三角形，所以正八面体上可添加的四边形面的数目是 $6(a^2 + b^2 - 1)$ ，最后加上 8 个正三角形，可以得到的多面体的面的总数是 $6(a^2 + b^2) + 2$ （图 3-16）。

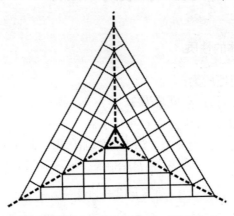

图 3-13   在正三边形面上添加四边形面时四边形面的分布情况

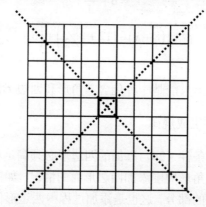

图 3-14   在正四边形面上添加四边形面时四边形面的分布情况

扩展的八面体的面数 F、边数 E、顶点数 V 的生成规律，可以用公式表示：

$$F = 6(a^2 + b^2) + 2 \qquad \text{㉒}$$

$$E = 12(a^2 + b^2) \qquad \text{㉓}$$

$$V = 6(a^2 + b^2) \qquad \text{㉔}$$

（a、b 的值不能同时为 0）

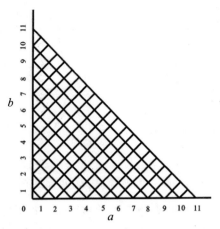

图 3-15　一个部分内四边形面的数量分布情况

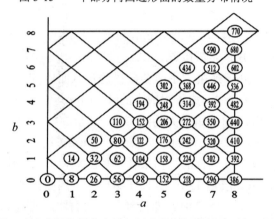

图 3-16　在正八面体上添加四边形面得到的多面体面数

3.6.3　扩展的八面体的应用

图 3-16 中当 $a = 1$、$b = 1$ 时，即得到十四面体，就是所谓的阿基米德多面体中的截角正八面体。化学中一些单质就是以这种方式结合的。同一种原子（例如金属原子）进行最密堆积时，最典型的结构为立方最密堆积和六方最密堆积。在这两种最密堆积中，每个原子的配位数为 12。立方最密堆积中这 12 个原子形成[$4^6\, 3^8$]十四面体，或称为立方八面体，例如金和铂等，如图 3-17a。六方最密堆积中上述配位的 12 个原子也形成[$4^6\, 3^8$]十四面体，通常称它为反立方八面体（anticubeoctahedron），例如锌和锆等，如图 3-17b。

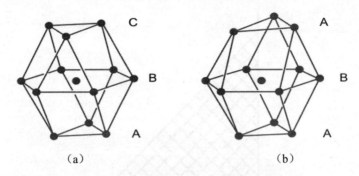

图 3-17　最密堆积结构中原子的配位多面体

在一些过渡金属原子簇化合物中的簇核原子，也近似地排列成$[4^6\ 3^8]$十四面体。例如$[Rh_{13}H_2(CO)_{24}][P(CH_2Ph)Ph_3]_3$ 中，簇核负离子$[Rh_{13}H_2(CO)_{24}]^{3-}$ 中的12 个 Rh 原子形成十四面体，其中心为一个 Rh 原子，它和周围 12 个 Rh 原子接触，Rh 原子间的距离为274.6-288.7pm，和金属 Rh 相近。此外，$[Rh_{13}H_3(CO)_{24}]^{2-}$的结构和$[Rh_{13}H_2(CO)_{24}]^{3-}$非常接近。

$Au_{55}(PPh_3)_{12}Cl_{16}$ 分子是由大小两个截尽角正八面体$[4^6\ 3^8]$包合形成的高核金簇合物，内层为 12 个 Au 原子组成小的$[4^6\ 3^8]$（其中心有一个带心的 Au 原子）。外层为 12 个 Au 原子组成大的$[4^6\ 3^8]$，其余 30 个 Au 原子分别排列在 6个四边形平面的中心和 24 条边的中心点上。$[MnZr_6Cl_{18}]^{5-}$的咪唑鎓盐的结构经X 射线衍射测定，从多层包合的结构来看，中心 Mn 原子周围被 6 个 Zr 原子按八面体配位结合，第 2 层是 12 个 Cl 原子组成的十四面体$[4^6\ 3^8]$。

图 3-16 中当 $a = 2$、$b = 2$ 时，即得到二十六面体，就是所谓的阿基米德多面体中的斜方截尽角十四面体。金属晶体就具有这种构形。体心立方密堆积（body centered cubic packing）是金属元素晶体结构的主要型之一，例如铬和钨等。在这种堆积中，每个原子周围由多个多面体包围，其第 3 层是由 24 个原子组成的菱形立方八面体，它是由 18 个四边形面和 8 个三边形面组成的二十六面体$[4^{18}\ 3^8]$。

$Ag(Ag_6O_8)NO_3$ 晶体中的 Ag_6O_8 也近似地属于上述结构。在电解酸性硝酸银水溶液时，当阳极的电流密度较大，可在阳极表面上生长出黑色具有金属光泽的晶体 $Ag(Ag_6O_8)NO_3$。它为立方面心点阵型式，属于立方晶系。在晶体结构中，(Ag_6O_8)构成中性氧化物骨架，其中 Ag 的氧化态可表达为$(Ag^I\ Ag_5^{III}O_8)$或$(Ag_2^{II}Ag_4^{III}O_8)$。Ag 离子通过 dsp^2 杂化轨道和氧原子结合成(AgO_4)平行四边形面，这些四边形面相互共用顶点，组成 26 面多面体$[4^{18}\ 3^8]$，结构如图 3-18

所示。

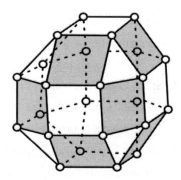

图 3-18 Ag(Ag$_6$O$_8$)NO$_3$ 晶体中平面形(AgO$_4$)基团共顶点形成的二十六面体

3.7 扩展的二十面体

遗憾的是 Goldberg 方法不能应用到正二十面体上。下面证明一下这个结论。
如果可以得到扩展的二十面体，它应满足如下性质。

（1）扩展的二十面体多面体顶点度数是 5。

（2）扩展的二十面体对称性 I 或 I_h。

设 x 个 y 边面形添加在正二十面体上，那么：

$$F = 20 + x \qquad\qquad ㉕$$

$$E = 30 + \frac{xy}{2} \qquad\qquad ㉖$$

$$V = 12 + \frac{xy}{5} \qquad\qquad ㉗$$

代入 $F - E + V = 2$，得到 $(20 + x) - \left(30 + \dfrac{xy}{2}\right) + \left(12 + \dfrac{xy}{5}\right) = 2$。

就有 $x(10 - 3y) = 0$，最后 $y = 10/3$。

它意味运用 Goldberg 方法单一种类的多边形不能添加在二十面体上。

参 考 文 献

[1] M. Goldberg, A class of multi-symmetric polyhedra[J]. Tohoku Math. J. 43

(1937): 104-108.

[2] J. M. Hawkins, A. Meyer, T. A. Lewis, S. Loren, F. J. Hollander, Crystal structure of osmylated C_{60}: Confirmation of the soccer ball framework[J]. Science 252 (1991): 312-313.

[3] J. E. Johnson, J. A. Speir, Quasi-equivalent viruses: A paradigm for protein assemblies[J]. J. Mol. Biol. 269 (1997): 665-675.

[4] D. L. D. Caspar, A. Klug, Physical principles in the construction of regular viruses[J]. Cold Spring Harb. Symp. Quant. Biol. 27 (1962): 1-24.

[5] A Šiber, Icosadeltahedral geometry of Fullerenes, viruses and geodesic domes[J]. arXiv: 0711.3527v1

[6] P. W. Fowler, K. M. Rogers, Spiral codes and Goldberg representations of icosahedral Fullerenes and octahedral analogues[J]. J. Chem. Inf. Comput. Sci. 41 (2001): 108-111.

[7] 胡广. 病毒和 DNA 多面体分子的几何学和拓扑学分析[D]. 兰州：兰州大学，2010.

[8] 翟新东. DNA 和蛋白质组结理论：多面体链环[D]. 兰州：兰州大学，2000.

[9] H. S. M. Coxeter, Virus macromolecules and geodesic domes, In A Spectrum of Mathematics (Ed. J. C. Butcher)[M]. Auckland University Press, Auckland, 1972, 98-107.

[10] M. Deza, M. Shtogrin, Octahedrites[J]. Symmetry: Culture and Science. 11 (2000): 27-64.

[11] M. Dutour, M. Deza, Goldberg-Coxeter construction for 3- and 4-valent plane graphs[J]. Electron. J. Combin. 11 (2004): #R20.

[12] M. Deza, M. Dutour, Zigzag structure of simple two-faced polyhedra[J]. Combin. Probab. Comput. 14 (2005): 31-57.

[13] M. Deza, M. Dutour, M. Shtogrin, 4-valent plane graphs with 2-, 3- and 4-gonal faces, in: K. P. Shum, Z. X. Wan, J. P. Zhang (Eds.), Advances in Algebra and Related Topics[M]. World Sci. Publishing Co., Singapore, 2003.

[14] M. Deza, M. D. Sikiric, Geometry of Chemical Graphs[M]. Cambridge University Press, Cambridge, 2008.

[15] 周公度. 化学中的多面体[M]. 北京：北京大学出版社，2009.

[16] J. Vollet, J. R. Hartig, H. Schnockel, $Al_{50}C_{120}H_{180}$: A pseudofullerene shell of 60 carbon atoms and 60 methyl groups protecting a cluster core of aluminum atoms[J]. Angew. Chem. Int. Ed. 43 (2004): 3186-3189.

[17] 麦松威，周公度，李伟基. 高等无机化学（第 2 版）[M]. 北京：北京大学出版社，2006.

[18] M. Tillard-Charbonnel, C. Belin, Synthesis and crystal structure determination of the new intermetallic phase $Li_{13}Cu_6Ga_{21}$[J]. J. Solid. State. Chem. 90 (1991): 270-278.

[19] J. Cami, J. Bernard-Salas, E. Peeters, S. E. Malek, Detection of C_{60} and C_{70} in a young planetary nebula[J]. Science. 329 (2010): 1180-1182.

[20] Y. Zhang, N. C. Seeman, Construction of a DNA-truncated octahedron[J]. J. Am. Chem. Soc. 116 (1994): 1661-1669.

第 4 章　DNA 多面体分子结构的数学分析

　　DNA 多面体的实验所产生的结果为数学提出了新的问题。实验中合成出的 DNA 多面体分子具有新颖的拓扑立体结构，这些结构已经超出了多面体的范畴 [1-3]。对这些结构的细致和系统的理解需要新的数学。在图论和纽结理论的基础上，数学家和数学化学家们发现了一些新的拓扑几何结构，即多面体链环，并且在此基础上对他们的各种数学性质展开讨论 [4-6]。这些理论研究也会为这些新颖的分子的分析和合成提供指导。这些多面体链环是多面体的新的形式，对这些新颖而优美的结构的探讨将成为新的数学理论发展的契机。

　　以 DNA 为原料合成构建多面体不仅促进了合成化学的发展，同时人工合成的这些 DNA 多面体分子具有奇特的结构，对这些结构的深入理解为数学中的多面体理论提出了新的挑战。实验中合成的 DNA 多面体往往具有复杂的拓扑几何结构，例如 DNA 立方体索烃、八面体索烃、截角八面体索烃等（图 4-1）。这些结构中构成多面体的棱转变为互相缠绕的 DNA 双螺旋，面转变为连通多面体里外的"洞"，而顶点则变化为一些较小的"洞"。所有这些棱、面、顶点上面出现的一些新的几何元素使多面体的性质发生了改变。多面体中镜面对称性的消失将多面体对称群 T_d、O_h、I_h 等降低为 T、O、I 等对称群，发生了一定程度的对称性破缺。另一方面，由于 DNA 双螺旋本身存在不对称的序列一级结构，DNA 多面体的对称性进一步降低，导致某些 DNA 多面体的对称群退化为 C_1 群。DNA 多面体这类特殊的分子中出现的分子内的对称性破缺使得这种结构不同于多面体，是分子结构的新形式，也是多面体的新形式 [4-7]。这些有趣的几何体给我们显示了一个尚无人问津的几何学的一角，显然对这些几何体的理论研究是必需的。

　　以 Qiu 等人为代表的若干研究小组在多面体上构造了一系列新颖的拓扑几何结构，即多面体链环，并且正在利用图论、纽结理论等数学工具对这些结构进行分析和表征 [4-7]。多面体链环的一些有趣的性质，例如手性、对偶性等，不断被发现。这些漂亮的几何体正在以全新的方式改变我们对多面体的认识。它们具有的优美数学性质补充了多面体已有的几何学关系，促进了数学理论本身，如纽结理论和图理论的发展，同时，这些结构为不断合成的 DNA 多面体和其

他一些奇异的结构如病毒蛋白衣壳提供了新的理论框架，为揭开生命的新数学
提供了帮助。

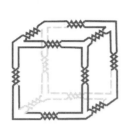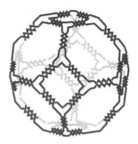

图 4-1　从左到右依次为 DNA 立方体索烃、DNA 八面体索烃、DNA 截角八面体索烃

4.1　DNA 多面体链环的研究进展

4.1.1　柏拉图多面体链环

柏拉图多面体是多面体世界中最简单的一类，但是它们概括了多面体的一些最基本的特点，例如顶点度数和对偶性质。Qiu 等人在这些多面体上利用"n 交叉-k 扭曲"和"n 分支-k 扭曲"两种方法构造了两种类型的多面体链环，并且在此基础上研究了多面体链环的纽结不变量和对偶性质[6-8]。

（1）第一种类型的柏拉图多面体链环与纽结不变量。

第一种类型的柏拉图多面体链环是利用"n 分支-k 扭曲"构造产生的。构成多面体的基本元素是顶点、边以及面。而在多面体链环中，顶点转变为一些复杂的模块，边转变为扭曲缠绕的模块，原来多面体的面消失变为连通多面体里外的"洞"[9]。Qiu 等人将柏拉图多面体中度数为 n 的顶点转变为"n 分支"模块，并且将边转变为"k 扭曲"模块，构造出了第一种类型的柏拉图多面体链环[6]（图 4-2）。

这里仅以 $k=1$，即边上扭曲 1 次为例画出相应的多面体链环结构。

在柏拉图多面体链环中，顶点度数 n 只能为 3、4 或者 5，但是边模块上扭曲缠绕的次数 k 具有无数种可能性，使得柏拉图多面体链环产生了数目众多的"拓扑异构体"[10]（图 4-3）。从理论上对这些结构进行的区分需要用纽结不变量描述。纽结不变量刻画了诸如多面体链环一样环环互相缠绕和嵌套的结构的深层次特征，能够在原则上很有效地区分这些结构最细微的差别，例如"k 扭

曲"模块中缠绕次数 k 的差别，从而分辨出不同的"结构异构体"。常见的纽结不变量有交叉数、writhe 数、链环数以及 HOMFLY 多项式。Qiu 等人详细计算了五种柏拉图多面体链环的以上几种纽结不变量，为进一步分类和表征提供了基础[6]。

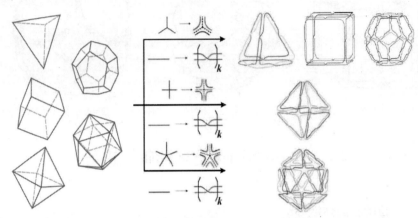

图 4-2　5 个柏拉图多面体（左）按照它们顶点度数不同，可以相应地用"3 分支-k 扭曲"（上），"4 分支-k 扭曲"（中）以及"5 分支-k 扭曲"覆盖（下），分别得到相应的多面体链环（右）

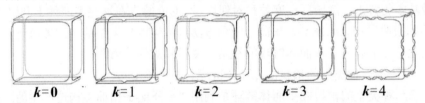

$k=0$　　　　$k=1$　　　　$k=2$　　　　$k=3$　　　　$k=4$

图 4-3　扭曲次数 $k=0, 1, 2, 3, 4$ 所对应的立方体链环的拓扑几何结构。可以看出，尽管顶点模块都为"3 分支"，但是边模块"k 扭曲"中 k 值不同会使立方体链环产生一系列"拓扑异构体"

　　（2）第二种类型的柏拉图多面体链环与对偶变换。

　　在第二种类型的柏拉图多面体链环中，原来多面体的顶点和边分别转变为"n 交叉"和"k 扭曲"模块（图 4-4b）。利用这种"n 交叉-k 扭曲"构造方法产生的多面体链环与第一种类型有完全不同的拓扑几何结构，并且，非常有趣的是，五种柏拉图多面体链环之间可以通过对偶变换联系起来[11]（图 4-4a，4-4b）。

　　在经典几何学中，多面体之间的对偶表示两个多面体它们的顶点和面能够相互交换的关系。在柏拉图多面体中，八面体和六面体相互对偶，十二面体和二十面体之间相互对偶（图 4-4a）。Qiu 等人在柏拉图多面体链环中也发现了类似的对偶关系，并且按照多面体链环的结构形式分为两类，即平凡的和非平凡的[11]。互为对偶的多面体链环如果组成它们的构建单元没有发生变化，则称为平凡的对偶，反之为非平凡对偶。在柏拉图多面体链环中，四面体链环和其本身对偶，并且这种对偶是平凡的对偶，因为并没有产生新的东西；而八面体链环和六面体链环之间，十二面体和二十面体链环之间的对偶是非平凡对偶，因为这两种对偶将不同的多面体形式联系起来，并且分别将不同的构造方法，即"4 交叉-双线覆盖"、"5 交叉-双线覆盖"和"3 交叉-双线覆盖"联系起来[11]（图 4-4b）。

在这些结果的基础上，Qiu 等人进一步推广了对偶多面体链环的概念[8]。根据图理论，三维空间的多面体可以用二维的 Schlegel 图表示，而且互为对偶的多面体之间可以通过它们 Schlegel 图的中点图联系起来。在数学中，中点图具有这样的性质：它的每个顶点的度数（价数）都是 4；如果将中点图不相邻的面染成同一种颜色，则整个图可以并且只能被染成两种颜色。这类似于国际象棋的棋盘，其中的每个点（边缘部分除外）都有四个方向，而且整个棋盘具有黑白两种颜色。对于多面体来说，中点图就是将多面体的相邻边的中点连接所得到的图。可以证明，互为对偶的多面体具有相同的中点图，反过来，对于一个给定的中点图，就对应一对互为对偶的多面体[12]。

将"k 次扭曲曲线"这种模块放置在四度中点图的顶点上，并且将这些模块的端点连接起来，就可以得到一个索烃结构，即中点图链环（图 4-4c）。注意到模块在中点图的顶点上有两种放置方式，即穿过黑色的面或者白色的面，因此，最后得到的中点图链环有两种。将这两种中点图链环进行拓扑变换，就得到了互为对偶的一对多面体链环（图 4-4c）。根据"k 次扭曲曲线"中扭曲次数 k 的奇偶性可以将对偶多面体链环分为两类，即如果 k 为奇数，则为 O-对偶；k 为偶数，则为 E-对偶[8]。

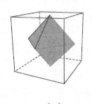

（a）

图 4-4　柏拉图多面体链环与对偶变换

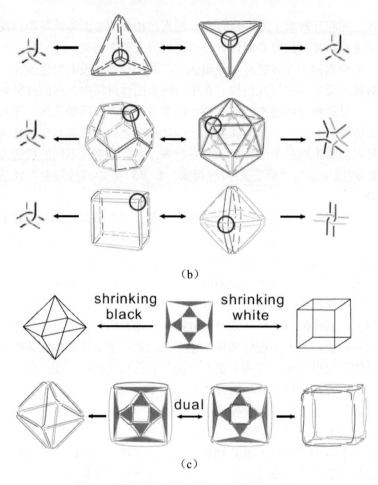

（b）

（c）

图 4-4　柏拉图多面体链环与对偶变换（续）

（a）多面体之间的对偶是指互为对偶的多面体顶点和面之间的互换。（b）互为对偶的
多面体链环可能分成平凡的和非平凡的两类。平凡的对偶多面体链环的顶点构建单元
（模块）是相同的（上），而在非平凡的对偶中，不同结构的顶点模块可以通过对偶
联系起来（下）。（c）在中点图上构造对偶多面体链环的方法。互为对偶的一对
多面体可以通过中间图联系起来（上）。图中以八面体和六面体之间的对偶为例
说明，中点图可以染成黑白两种颜色，收缩黑色区域可以得到八面体，而白色面
收缩则得到六面体。在中点图的顶点上放置"2 扭曲曲线"，并连接这些模块
就可以得到中点图链环。"2 扭曲曲线"可以穿过白色区域（左下）或者黑色
区域（右下），分别得到两个不同的中点图链环。经过黑色或者白色区域的
收缩，就会得到互为对偶的八面体链环和六面体链环。

有关多面体链环对偶性质的研究才刚刚开始。但是有理由相信，把对偶这种自然界中最深刻最普遍的观念之一应用于多面体链环的研究，将有可能为多面体链环的分类、拓扑变换等根本问题带来新的观点。

4.1.2　截角柏拉图多面体链环和阿基米德多面体链环及其手性

阿基米德多面体是比柏拉图多面体复杂的一类半正多面体，可以通过几何学中的截角变换由柏拉图多面体得到。经过多次连续的截角变换，可以得到一系列截角柏拉图多面体（图 4-5a）。这些截角柏拉图多面体和阿基米德多面体的共同特点是它们顶点的度数都是 3，或者说是 3 正则的，因此 Qiu 等人用"3 交叉-k 扭曲"覆盖的方法构造一系列多面体链环（图 4-5b），并且对这些多面体链环的生长规律进行了相应的描述[5]。

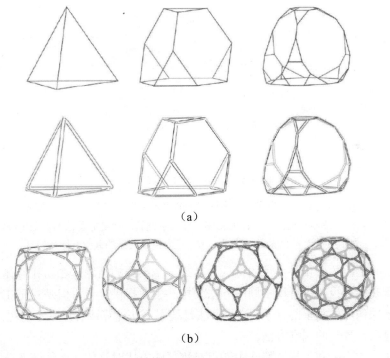

（a）

（b）

图 4-5　截角柏拉图多面体链环

（a）通过截角变换得到的一系列截角四面体（上），以及它们对应的多面体链环（下）。

（b）立方体、八面体、十二面体以及二十面体分别通过两次截角变换，
并用"3 分支-双线"覆盖得到的多面体链环

　　另外，对称性分析表明这些结构漂亮的多面体链环都具有手性。对于一个多面体来说，如果它不能够与其镜像重合，就表示它具有手性。由于多面体是刚性的，可以用点对称群很好地描述，因此判断手性的依据就是它是否具有对称中心或者对称面。然而具有索烃结构的多面体链环具有非平凡的拓扑学结构，在经过一系列"橡胶变形"之后分子的拓扑结构依然保持不变。在这种"橡胶变形"下，分子可能发生翻转，导致刚性意义下的手性分子变成非手性分子（图4-6a）。这些"柔性"分子结构在连续的"橡胶变形"之下的拓扑手性的判断依据就不能用检查对称面或者对称中心的方法[13-15]。

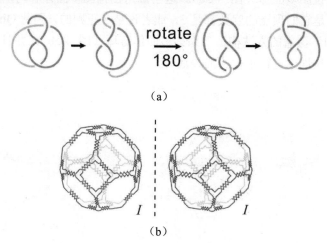

（a）

（b）

图 4-6　截面柏拉图多面体链环的手性

（a）8 字结可以通过一系列连续变化得到它的"镜像"结构，这说明在拓扑"橡胶"
变换下，一些原本可能具有手性的物体可能发生翻转从而是非手性的。图中颜色是
为了便于读者看清变化过程。（b）互为镜像关系的截角八面体链环

　　实际上，关于拓扑手性的讨论并不是一个新鲜的话题。在拓扑立体化学的早期研究中，很多学者用不同的方法为拓扑手性提供度量，但是对于 DNA 三维纳米结构这样复杂的分子，这些方法复杂得无法计算或者根本不能用。显然，需要建立一种新的判别方法。

　　Qiu 的小组利用构造特殊刚性点对称群的方式对这些多面体链环分子进行经验判别。多面体链环对应的多面体本身具有很高的对称点群（T、O 或者 I），因此他们将多面体链环直接置于这种点群结构中并得到经验结论，在一般情况下，多面体链环都具有手性，即存在左右两种互呈镜像的结构[4-6]（图 4-6b）。

最近，Qiu 等人利用多项式分析讨论了一些多面体链环的手性问题，结果表明用这种经验方法与用常规的多项式计算的方法得到的结果是一致的[16]。如果这种方法能够从数学上证明严格成立，它将会为多面体链环的手性判别、DNA 多面体分子的对称性破缺等问题的描述带来帮助[13]。

4.2　DNA 多面体的欧拉公式

多面体链环是一种互索和嵌套的结构，已经被提出来用于描述和分析一些 DNA 多面体笼[1]。把 DNA 多面体链环转化为相应的 Seifert 曲面[13, 17]，可以将欧拉定理[18]扩展到研究这些新颖的多面体上。用一个简单和优美的公式 $s + \mu = c + 2$ 可以将链环的分支数 μ、交叉点数 c 与 Seifert 曲面的 Seifert 环数 s 相互关联起来。此外，Seifert 环数可以作为一种有效的拓扑指标来描述多面体链环。关于 DNA 多面体欧拉公式的研究不仅展示了 DNA 多面体的新奇拓扑结构，还为它们的拓扑立体化学奠定了理论基础。本节旨在探索 DNA 多面体的拓扑立体化学的一般规则以及 DNA 多面体服从的欧拉公式的数学形式和普适结果。

4.2.1　多面体结构的几何规则

多面体结构不仅存在于艺术和历史的长河中，还已经作为求知和创造的对象出现在许多的科学领域中[19]。针对这些高对称性的结构，科学家们正致力于发展可以描述它们结构的几何规则。在这方面的研究中，一个最基本的关系就是欧拉的多面体公式

$$V + F = E + 2 \qquad ①$$

其中 V、F 和 E 分别代表多面体顶点、面和边数的总数目。此外，n_i 代表第 i 个顶点的顶点度数，p_j 代表 j 边形的个数。将 n_i 和 p_i 代入，可以得到：

$$\sum_{n_i \geqslant 3} n_i V = \sum_{p_j \geqslant 3} p_i F = 2E \qquad ②$$

尤其对于规则的多面体来说，

$$nV = pF = 2E \qquad ③$$

结合群论知识，欧拉公式还可以为多面体刻画分子的对称性性质提供一个简单的方法[20]。

　　然而，这些年出现了一系列新颖的多面体分子类型，它们丰富了我们关于化学和生物世界的认识。自从第一个 DNA 立方体[21]作为里程碑被合成以来，大量的 DNA 多面体，包括四面体[22]、八面体[23]、十二面体[24]、二十面体[25]和巴基球也已经在文献中被报道。在这些纳米尺度的建筑中，多面体的每个面由闭合且交联的 DNA 环构成，每条边是由 2-螺旋[21, 26]或 4-螺旋[25, 27]结构组成，每个顶点是一个稳定的多分支接口。这些新的分子不仅具有潜在的应用价值，而且对它们迷人的结构和拓扑的兴趣正在快速地增长。

　　为了解决这些结构难题，Qiu 等人提出了多面体链环这个数学模型[5-7]。值得注意的是，它们已经不是简单的、传统意义上的多面体，而包含着一些互锁和嵌套的结构。其中，顶点是一些 DNA 分支结构覆盖而成的一些小"洞"，边是一些互相缠绕的 DNA 双螺旋结构，面则变成了连通多面体里外的"洞"。这样多面体的点、线、面这些几何元素发生了畸变，使得欧拉公式不能描述它们之间的关系。于是，探索描述 DNA 多面体以及畸变后的"点""线""面"是否服从欧拉定理的新形式则是面临的挑战和机遇。

4.2.2　DNA 多面体的欧拉公式的推导

　　为了实现这个目的，需要几何和拓扑学的知识，尤其是纽结理论中的一些基本手段。曲面是一个二维流形，它有助于研究纽结和链环的几何性质。通过 Seifert 构造[13]，一个多面体链环能够转变成一个以它为边界的相应曲面。对于 T_{2k}-多面体链环[6]（k 代表了每条边上扭曲的次数）来说，它们的 Seifert 构造可以通过将三个圆盘代替链环的三个环，用 $4k$ 个含有一个半扭曲的带子代替一个交叉点，然后在空间中用带子将圆盘连接起来。比如，图 4-7 所示的就是 T_2-四面体链环的 Seifert 构造。这里的目的是借用 Seifert 曲面去研究多面体链环的几何和拓扑特征，并进一步为 DNA 多面体的理论描述提供新方法和新思路。

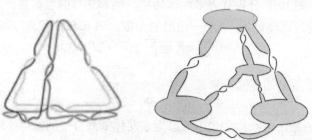

图 4-7　T_2-四面体链环和它的 Seifert 构造

　　到目前为止，主要有两种类型的 DNA 多面体被合成。1991 年 Seeman 报道了第一个 DNA 多面体——DNA 立方体[21]，它的边包含反向的 DNA 双链，顶点对应于 DNA 的分支接口。在更近些时候，结构上更为复杂 DNA 多面体被合成出来[27]。科学家们首先设计了一些对称的星状结构，再通过连接它们得到最后的三维结构。于是，这些多面体的顶点是 n-星状结构，边是两条并行的 DNA 双螺旋。所以，可以通过构造两类有向的多面体链环来描述它们的数学模型，而且在平行双边都被赋予 DNA 链的走向，即全部反向。

　　为了得到它们的 Seifert 曲面，我们采用由德国学家 Seifert[28]在 1934 年提出来的一种算法。它包括以下几个步骤：

　　首先，在一个链环上进行如图 4-8 所示的消去交叉点的操作，会得到一系列不相交的 Seifert 环。

　　然后，在链环交叉点的位置用扭曲带子将这些环连接起来，这样一个以链环为边界的 Seifert 曲面会产生。

　　每一个有向链环都可以产生它们的 Seifert 曲面，这种曲面是可定向的，两侧可以涂上不同的颜色。

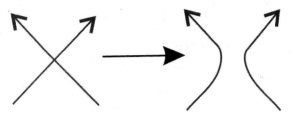

图 4-8　消去交叉点

　　我们给出几个如何将 Seifert 构造的方法应用到 DNA 多面体的数学模型——多面体链环上的讨论。其中一种情况就是 T_{2k}-多面体链环或者叫分支多面体链环。将 Seifert 构造的方法应用到这类多面体上，会得到一个包含一些 Seifert 环的曲面。考虑一条含有 k 个反平行扭曲的边，如图 4-9 所示，消去 $2k$ 个交叉点会得到 $2k-1$ 个 Seifert 环。所以，多面体链环每条边上的一个半转扭曲和顶点处的中心空洞都会产生一个 Seifert 环。这样，这类多面体链环的 Seifert 面所包含的 Seifert 环数 s 可以表示为：

$$s = V + (2k-1)E$$
　　　　　　　　　　　　　　　　　④

其中 V、E 分别代表了多面体的顶点和边的数目。

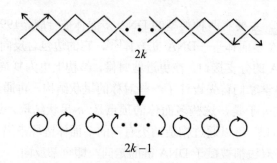

图 4-9　由 k 个扭曲产生的 $2k$-1 个 Seifert 环

此外，每条边上分布着偶数转的 DNA 双链，所以每个面覆盖着一条环状 DNA 单链。所以，分支数 μ 满足

$$\mu = F \qquad \text{⑤}$$

其中 F 代表着多面体的面数。

交叉点数 c 和边数 E 之间的关系可以很容易地由下面的式子给出：

$$c = 2kE \qquad \text{⑥}$$

公式④和公式⑤之和为：

$$s + \mu = V + 2kE + F - E \qquad \text{⑦}$$

将公式③代入公式⑦，然后得到：

$$s + \mu = c + V + F - E \qquad \text{⑧}$$

利用公式⑧和欧拉公式 $V + F = E + 2$，可以得到下面的结果：

$$s + \mu = c + 2 \qquad \text{⑨}$$

公式⑨表示链环的多面体链环的分支数以及交叉点数与其 Seifert 面的 Seifert 环数相关。用它们之间的这样一种简单的联系可以去刻画多面体链环的复杂拓扑结构。作为一个直接的应用，新的公式可以用于探究和量化由重组酶引起的多面体链环的结构变化。从图 4-10 中可以看出，一次重组都会改变一个交叉点的数目，即改变后的交叉点数 $c' = c \pm 1$。而且这个操作与 Seifert 算法中的消去交叉点的操作类似，所以它的 Seifert 环数保持不变，即改变后的 Seifert 环数 $s' = s$。把这两个观察得到的结果代入⑨，会得到新的分支数 $\mu' = \mu \pm 1$。这表明每次重组都会改变多面体链环的一条分支数目，这也证实了之前 Jonoska 利用拓扑图论的方法研究 DNA 链变化时得到的结论[29]。

另外一个值得关注的例子是星状多面体链环，它们的构建单元是 n 分支星状的 DNA 模块（图 4-11a）。第一步，用 3 条相同的 DNA 单链去设计一个对称

性的 n 分支星。比如，DNA 四面体、立方体和十二面体都需要 3-分支星，DNA 八面体需要 4-分支星，而 DNA 二十面体需要 5-分支星。然后，用两条平行的 DNA 反向双链将 DNA 星模块连接起来得到最后的多面体结构（图 4-11b）。注意到，DNA 双链在顶点处被一条 DNA 单链的环连在一起，而且在每条边上也分布一个由一条 DNA 单链组成的交叉结构。

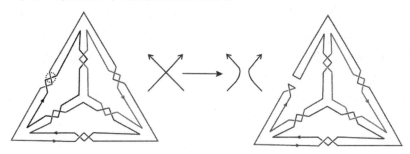

图 4-10　四面体链环发生一次重组

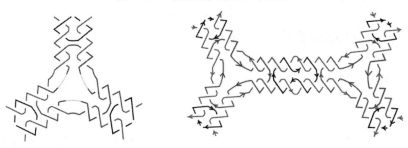

（a）DNA 的 3-分支星模块　　　（b）两条平行的 DNA 反向双链边结构

图 4-11　星状多面体链环

虽然星状结构具有比较复杂的拓扑特征，但是在转化成 Seifert 曲面后，它的 Seifert 环的分布却相对简单。除去每半个螺旋对应一个 Seifert 环外，在两条 DNA 短链之间还分布了一个 Seifert 环。如果这类 DNA 多面体的每条边上含有 $2k$ 个交叉点，那么它的 Seifert 环数等于：

$$s = (2k-1)E \qquad\qquad ⑩$$

每个面对应于构成 DNA 双链中的一条链，每个顶点和边上也分别包含着一条 DNA 单链的环。所以，对于分支数和交叉点数，它们满足以下的一些关系：

$$\mu = V + E + F \qquad\qquad ⑪$$

$$c = 2kE \qquad\qquad ⑥$$

同样，把式⑩和式⑪相加，然后代入式①和式⑥，最终也会得到公式⑨

$$s + \mu = c + 2 \qquad\qquad ⑨$$

考虑一个具体的例子，比如 DNA 四面体，它的顶点数 $V = 4$，边数 $E = 6$，面数 $F = 4$。代入公式⑨得到，Seifert 环数 $s = 6(2k - 1)$，交叉点数 $c = 12k$，分支数 $\mu = 14$。

与多面体的欧拉公式 $V + F = E + 2$ 相比较，公式 $s + \mu = c + 2$ 保持着相同的形式。很直观地发现在公式的左边的元素由定点和面变为了 Seifert 环和分支，而右边的元素则由边变为了交叉点，但是它们之间的一个常数都为 2。所以把公式⑨叫做 DNA 多面体的欧拉公式，且欧拉示性数为2。

对于一个 Seifert 曲面，存在许多拓扑不变量去描述它们的几何和拓扑特征。在这些拓扑量之中，亏格和 Seifert 环数对于本研究显得尤其重要。为了要计算多面体链环的亏格，首先需要定义另外一个不变量——Betti 数 h[30]。对于一个 μ-分支的有向链环 l：

$$h = 2g + \mu - 1 \qquad\qquad ⑫$$

对于它的 Seifert 曲面的同伦图：

$$h = c - s + 1 \qquad\qquad ⑬$$

所以，多面体链环的亏格为：

$$g = 1 - \frac{s + u - c}{2} \qquad\qquad ⑭$$

通过分支和星状多面体链环的欧拉公式，可以推断得到 DNA 多面体的亏格为零。亏格是曲面的一个基本的拓扑特征，它反映了曲面上洞的个数。令我们感到惊奇的是，现在实验已经合成的 DNA 多面体都只局限于球面。然而，对于 $g > 0$ 的多面体索烃的理论设计和系统研究仍然是一个吸引人的目标。事实上，科学家们对于打结分子的基于亏格的数学分析也已作出了一定的尝试[31, 32]。

在纽结理论中，对纽结和链环进行分类和排序的基本指标是交叉点数。但是，由于它只包含了链环的少量信息，不能作为一个理想的不变量。这里，我们认为 Seifert 环数可以为多面体链环的描述提供一种方法。将公式⑨调整后得到：

$$s = c - \mu + 2 \qquad\qquad ⑮$$

从公式⑮可以看出，Seifert 环数不仅包含了交叉点数 c 的信息，而且还考虑了分支数 μ 的额外信息。这个改良后的描述符就显得比交叉点更加有效。虽然这个不变量仍然不够强有力，但是却是一个很容易从 DNA 多面体得到的拓扑描述符。在 DNA 纳米技术中，交叉点数 c 和分支数 μ 是两个可以从实验中获取的值：交叉点数 c 取决于 DNA 双链的碱基数；分支数 μ 等于 DNA 单链的个数。

参 考 文 献

[1] F. A. Aldaye, A. L. Palmer, H. F. Sleiman, Assembling materials with DNA as the guide[J]. Science. 321(2008): 1795-1799.

[2] A. Heckel, M. Famulok, Building objects from nucleic acids for a nanometer world[J]. Biochimie. 90 (2008): 1096-1107.

[3] F. C. Simmel, Three-dimensional nanoconstruction with DNA[J]. Angew. Chem. Int. Ed. 47 (2008): 5884-5887.

[4] W. -Y. Qiu, X. - D. Zhai, Molecular design of Goldberg polyhedral Links[J]. J. Mol. Struc. (THEOCHEM). 756 (2005): 163-166.

[5] W. -Y. Qiu, X. -D. Zhai, Y. -Y. Qiu, Architecture of Platonic and Archimedean polyhedral links[J]. Sci. China Ser. B-Chem. 51 (2008): 13-18.

[6] G. Hu, X. -D. Zhai, D. Lu, W. -Y. Qiu, The architecture of Platonic polyhedral links[J]. J. Math. Chem. 46 (2009): 592-603.

[7] W. -Y. Qiu, Z. Wang, G. Hu, The chemistry and mathematics of DNA polyhedra, In Mathematical Chemistry[M]. NOVA, New York, 2010.

[8] D. Lu, W. -Y. Qiu, The keeping and reversal of chirality for dual Links[J]. MATCH Commun. Math. Comput. Chem. 63 (2010): 79-90.

[9] C. Seife, Polyhedral model gives the universe an unexpected twist[J]. Science. 302 (2003): 209-220.

[10] D. M. Walba, Topological stereochemistry[J]. Tetrahedron. 41 (1985): 3161-3212.

[11] D. Lu, G. Hu, Y. -Y. Qiu, W. -Y. Qiu, Topological transformation of dual polyhedral links[J]. MATCH Commun. Math. Comput. Chem. 63 (2010): 67-78.

[12] D. Archdeacon, J. Siran, M. Skoviera, Self-dual regular maps from medial graphs[J]. Acta Math. Univ. Comenianae. 61 (1992): 51-64.

[13] W. -Y. Qiu, Knot theory, DNA topology, and molecular symmetry

breaking, In Chemical Topology—Applications and Techniques, Mathematical Chemistry Series, Vol. 6 (Eds. D. Bonchev and D. H. Rouvray)[M]. Gordon and Breach Science Publishers, Amsterdam, 2000, 175-237.

[14] E. Flapan, Topological rubber gloves[J]. J. Math. Chem. 23 (1998): 31-49.

[15] E. Flapan, When Topology Meets Chemistry: A Topological Look at Molecular Chirality[M]. Cambridge University Press, Cambridge, 2000.

[16] X. -S. Cheng, W. -Y. Qiu, H. -P. Zhang, A novel molecular design of polyhedral links and their chiral analysis[J]. MATCH Commun. Math. Comput. Chem. 62 (2009): 115-130.

[17] L. Neuwirth, The Theory of Knots[M] Sci. Am. 2406 (1979): 110-124.

[18] L. Euler, De summis serierum reciprocarum ex potestatibus numerorum naturalium ortarum dissertatio altera[J]. Miscellanea Berolinensia. 7 (1743): 172-192.

[19] B. Grünbaum, Convex Polytopes[M]. Springer New York, New York, 2003.

[20] A. Ceulemans, P. W. Fowler, Extension of Euler's theorem to symmetry propertie of polyhedra[J]. Nature. 353 (1991): 52-54.

[21] J. Chen, N. C. Seeman, Synthesis from DNA of a molecule with the connectivity of a cube[J]. Nature. 350 (1991): 631-633.

[22] R. P. Goodman, A. T. Schaap, C. F. Tardin, C. M. Erben, R. M. Berry, C. F. Schmidt, A. J. Turberfield, Rapid chiral assembly of rigid DNA building blocks for molecular nanofabrication[J]. Science. 310 (2005): 1661-1665.

[23] F. F. Andersen, B. Knudsen, C. L. P. Oliveira, R. F. Frøhlich, D. Krüger, J. Bungert, M. Agbandje-McKenna, R. McKenna, S. Juul, C. Veigaard, J. Koch, J. L. Rubinstein, B. Guldbrandtsen, M. S. Hede, G. Karlsson, A. H. Andersen, J. S. Pedersen, B. R. Knudsen, Assembly and structural analysis of a covalently closed nano-scale DNA cage[J]. Nucleic Acids Res. 36 (2008): 1113-1119.

[24] Y. He, T. Ye, M. Su, C. Zhang, A. E. Ribbe, W. Jiang, C. Mao, Hierarchical self-assembly of DNA into symmetric supramolecular polyhedra[J]. Nature. 452 (2008): 198-202.

[25] C. Zhang, M. Su, Y. He, X. Zhao, P. Fang, A. E. Ribbe, W. Jiang, C. Mao, Conformational flexibility facilitates self-assembly of complex DNA

nanostructures[J]. Proc. Natl. Acad. Sci. 105 (2008): 10665-10669.

[26] C. L. P. Oliveira, S. Juul, H. L. Jørgensen, B. Knudsen, D. Tordrup, F. Oteri, M. Falconi, J. Koch, A. Desideri, J. S. Pedersen, F. F. Andersen, B. R. Knudsen, Structure of nanoscale truncated octahedral DNA cages: Variation of single-stranded linker regions and influence on assembly yields[J]. ACS Nano. 4 (2010): 1367-1376.

[27] Y. He, M. Su, P. Fang, C. Zhang, A. E. Ribbe, W. Jiang, C. Mao, On the chirality of self-assembled DNA octahedra[J]. Angew. Chem. Int. Ed. 48 (2009): 1-5.

[28] H. Seifert, Über das geschlecht von knoten[J]. Math. Annalen. 110 (1934): 571-592.

[29] N. Jonoska. M. Saito, Boundary components of thickened graphs DNA7, In DNA Computing, DNA7, LNCS 2340 (Eds. N. Jonoska and N. C. Seeman)[M]. Springer Berlin Heidelberg, Berlin, 2002, 70-81.

[30] Cam van Q. Hongler, On the nullfication writhe, the signature and the chirality of alternating links[J] J. Knot. Theor. Ramif. 10 (2001): 537-545.

[31] S. T. Hyde, G. E. Schröder-Turk, Tangled (up in) cubes[J]. Acta. Cryst. A. 63 (2007): 186-197.

[32] T. Castle, M. E. Evans, S. T. Hyde, All toroidal embeddings of polyhedral graphs in 3-space are chiral[J]. New J. Chem. 33 (2009): 2107-2113.

第 5 章 扩展的柏拉图多面体链环

多面体链环被证明是描述新型的多面体分子的有效数学模型，特别是针对DNA 多面体。在本章中基于扩展的柏拉图多面体构造四种新型的多面体链环。通过将新欧拉公式和多面体生长规律用于这些链环，计算出了这些链环的一系列拓扑属性：交叉点数、分支数和 Seifert 环数。这些促进了对扩展的柏拉图多面体链环的拓扑结构以及合成的理解。这些结果表明新欧拉公式以及它的三个重要的拓扑参数可以解释大多数多面体链环的结构、欧拉示性数以及亏格数等内在性质，它有利于新的 DNA 分子设计和合成，同时使得从本质上对这些新颖的结构的内在属性有更为深刻的认识。

5.1 引　言

在自然界，DNA 是履行各种各样的生物功能的主要载体，例如存储和转录基因信息。在结构化纳米技术中[1-3]，DNA 分子被用来组装大量的三维纳米级结构[4, 5]，特别是 DNA 多面体[6-12]，同时相关的应用也初见端倪[13, 14]。尽管越来越多高级、新颖的结构不断涌现，但仍然面临许多棘手的问题，这其中之一就是如何高效地设计和合成这些 DNA 多面体。对这些新奇的结构及其拓扑的理解不仅能揭示这些结构的潜在性质，也能促进这些结构的合成和制备。

事实上，数学中的理论对化学有很大的影响，它在探索和研究一些令人困扰的和复杂的问题时起着至关重要的作用。欧拉公式——这个将数学从度量属性过渡到拓扑学的虽然简明但却重要的公式，它主要用于刻画多面体的顶点、边和面这三个基本量之间的关系。因此欧拉公式成为化学中处理许多有关多面体问题的有效工具和手段。但是，当研究涉及到 DNA 纳米笼甚至更为复杂的DNA 分子结构时，欧拉公式在表征这些新颖结构时却力不从心，受到了诸多限制。另一方面，多面体链环这种互锁和嵌套的结构已被证明是各种 DNA 多面体和许多病毒衣壳的理想数学模型[15-19]，尤其是 Qiu 的研究组在用拓扑学和图论的方法构筑的模型[20]。再者，多面体链环是由分支、双螺旋和空洞代替多面体原有的面、边和顶点，这些已由 DNA 多面体的新欧拉公式联系和统一起来[21, 22]。这个简单而优雅的式子 $S+\mu=C+2$ 非常巧妙地阐述了 DNA 多面体这种较为复杂的缠绕结构，并将链环的分支数 μ、交叉点数 C 和 Seifert 环数 S 这三个基本要素关联了起来。

　　在第 3 章中已经讨论了如何构筑扩展的柏拉图多面体并总结了它们的生长规律。在得到的四种扩展的柏拉图多面体中，扩展的四面体、扩展的六面体和扩展的正十二面体是在相应的正四面体、正六面体、和正八面体上添加六边形构成，而扩展的八面体是在正八面体上添加正四边形构成[23]。对扩展的柏拉图多面体的研究有助于构筑扩展的柏拉图多面体链环。进一步，对扩展柏拉图多面体链环和 DNA 多面体新欧拉公式的研究有助于表征和设计更高亏格或更为复杂的 DNA 纳米结构。

　　本章用四种方法来构造扩展的柏拉图多面体链环：（Ⅰ）3 交叉、4 交叉-$2k$ 次扭曲型；（Ⅱ）顶点扩展型；（Ⅲ）3 交错、4 交错-$2k$ 次扭曲型；（Ⅳ）3 分支星、4 分支星-$2k$ 次扭曲型。然后，基于扩展的柏拉图多面体的生长规律，计算这些链环的关键要素，同时也利用新欧拉公式阐述一些重要的拓扑指标。我们的终极目标是通过多面体链环的基本要素组装 DNA 多面体或类似 DNA 三维纳米结构。此外，这些由新欧拉公式统一的要素也将 DNA 纳米笼的拓扑性质与其相应的多面体欧拉示性数关联起来。因此，本章的研究不仅为设计和合成 DNA 纳米结构提供了理论框架，也为更深层次地理解这些复杂结构的几何和拓扑性质起到了帮助。

5.2　扩展的四面体链环

　　柏拉图多面体中的正四面体、正六面体和正十二面体都是具有三度顶点的多面体，在它们的基础上，扩展的四面体、扩展的六面体和扩展的正十二面体的顶点度数也都是 3，并且添加的多边形也都是六边形[23]，扩展的四面体是其中最为简单的多面体，因此以它为例详细介绍，同样的方法也可以运用到扩展的六面体和扩展的十二面体上。

　　扩展的四面体的面数、顶点数和边数的表达式，即它的生长规律如下：

$$F = 2\left(a^2 + ab + b^2\right) + 2 \tag{①}$$

$$E = 6\left(a^2 + ab + b^2\right) \qquad ②$$

$$V = 4\left(a^2 + ab + b^2\right) \qquad ③$$

当然，这三个量完全符合经典的欧拉公式 $V + F = E + 2$。

5.2.1　三分支型

事实上一些 DNA 纳米结构，它的面是由互锁的 DNA 环缠绕而成，它的边是双螺旋结构[24]和四重螺旋结构[5, 10]的 DNA 链，它的顶点是由多分支结构代替。这种结构已经在实验室中合成出来。可以将它们用"DNA 多面体链环"模型来表示[6, 15]。扩展的四面体链环就是用"3 分支-2k 次扭曲"[15]覆盖扩展的四面体得到的。具体来讲，用"3 分支"和"2k 次扭曲"分别置换扩展的四面体的顶点和边。扩展的四面体是由 4 个三角形和若干个六边形组成。相应的，扩展的四面体链环由 4 个三角形环和若干个六边形环构成，这里每一个环实际上就是一个分支。在扩展的四面体向扩展的四面体链环转化的过程中，三角形面和六边形面分别变成了三角形环和六边形环，而边转化成了 2k 次扭曲的双螺旋线，顶点变成了 3 分支结构。根据上文扩展的四面体的生成规律，可以得到它的一系列特征，这些都可以精确系统地描述这种链环的结构，它们的计算如下。

三角形环数 μ_t：4

六边形环数 μ_h：$F - 4 = 2\left(a^2 + ab + b^2\right) - 2$

交叉点数 C：$2kE = 12k\left(a^2 + ab + b^2\right)$

可以用数学方法来验证它们的细节，这种类型的扩展的四面体链环满足 DNA 多面体的新欧拉公式 $S + \mu = C + 2$。使用它可以揭示出许多内在的数学性质，甚至可以用它来控制 DNA 多面体超分子的设计。

Seifert 环数 S：

$$S = C - \mu_t - \mu_h + 2 = 2kE - F + 2 = 2\left(6k - 1\right)\left(a^2 + ab + b^2\right) + 2$$

新欧拉公式 $S + \mu = C + 2$ 将多面体链环的分支数 μ、交叉点数 C 和 Seifert 环数 S 三个最重要的变量关联起来；而经典欧拉公式的式子 $V + F = E + 2$ 将多面体的面数、顶点数、边数三个基本几何参数关联起来。进一步有 $V + F - E = \lambda = 2 - 2g$，$\lambda$ 表示欧拉示性数，这是一个拓扑概念。λ 主要取决于多面体的亏格数 g，g 实际上可以简单理解为多面体的"空洞"。同样的，基于多面体链环的新欧拉公式可以表示为 $S + \mu - C = \lambda = 2 - 2g$。对于所构筑的这种多面体链环

欧拉示性数 λ 为 2，所以得到 $g=0$，这表明 DNA 多面体索烃实际上同构于一个球面。关于这部分的知识涉及到拓扑学的很多方面，不再赘述。

此外，边上不同的缠绕也会有不同的链环。图 5-1 是 $n=\pm1$，±2 时不同的 4 种缠绕结构[17]。这样当 $n>0$ 时，得到的链环构型为 D，反之，如果 $n<0$，链环的构型则为 L，它们互为镜像，换句话说，以拓扑对映异构体的形式存在。

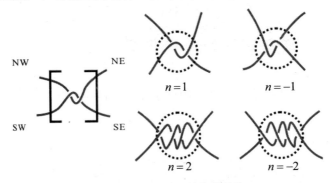

$$图 5\text{-}1\qquad n=\pm1,\pm2\ 缠绕的结构$$

上述得到的结论可以帮助科学家更快捷高效地进行 DNA 设计和合成。在 DNA 纳米技术中，交叉点数 C、分支数 μ 是两个实验中容易得到的量，这是因为交叉点数 C 由 DNA 双螺旋的碱基对数决定，即 $C\approx$ 碱基对数/5；而分支数 μ 等于环状 DNA 单链数[21]。假设要合成这种类型的 DNA 多面体，可以先获取这个多面体在它的面数生长规律中面数所对应的 a、b 值，然后再计算此多面体对应的多面体链环的交叉点数和分支数，最后可以在此模型上构筑出相应的 DNA 多面体。

例如，需要扩展的四面体中的十面体"3 分支-$2k$ 次扭曲"型的链环，这里为了方便起见设 $k=1$，即 2 个交叉点。在扩展的四面体生长规律中（图 5-2），先找到十面体对应的极坐标值 a、b 对应的数字，然后将 2 和 0 分别代入上面得到的式子就可以获得以下信息：

三角形环数 μ_t：4

六边形环数 μ_h：$F-4=2\left(a^2+ab+b^2\right)-2=6$

交叉点数 C：$2kE=12k\left(a^2+ab+b^2\right)=48$

因此，这个 DNA 多面体含有 10 条 DNA 环状单链和约 240 个碱基对。

而它的 Seifert 环数 S：$S=C-\mu+2=2kE-F+2=48-10+2=40$

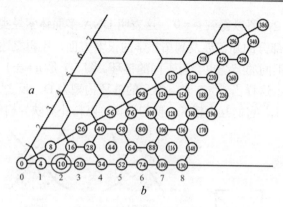

图 5-2　扩展的四面体链环中十面体的极坐标

图 5-3 给出这个十面体的"3 分支-2k 次扭曲"型链环的示意图。

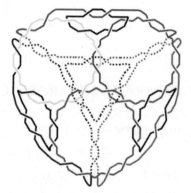

图 5-3　3 分支型的十面体链环

5.2.2　顶点扩展型

我们可以用"3 分支-2k 次扭曲"的方法覆盖扩展的四面体得到其相应的链环。但是正如所看到的那样,它的结构比较松散,所以顶点就不再是稳固的了。若在顶点处进行拉伸,这种类型的链环就会转变为另一种独特的多面体链环,它是上述 3 分支型链环的一个变体,可以称为顶点扩展型。在拓扑变换的过程中,2k 次扭曲变成了新的节点;而在 3 分支的位置出现了新的三角形状补丁;六边形环仍保持为六边形环,只是它们的顶点和边分别处于原来的 2k 次扭曲处和 3 分支处;同样,三角形环也保持为三角形环,只是它们的顶点和边分别处于原来的 2k 次扭曲处和 3 分支处。图 5-4 显示了 3 分支型的十面体链环经过变形后的顶点扩展型链环。

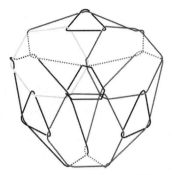

图 5-4　顶点扩展型的十面体链环

在拓扑变换的过程中，大多数性质并没有改变。

三角形环数 μ_t：4

六边形环数 μ_h：$F-4=2\left(a^2+ab+b^2\right)-2$

交叉点数 C：$2kE=12k\left(a^2+ab+b^2\right)$

Seifert 环数 S：$S=C-\mu_t-\mu_h+2=2(6k-1)(a^2+ab+b^2)+2$

此外，新的三角形补丁出现在原来 3 分支型的 3 分支处，因此它的数目和原十面体的顶点数相等。

新三角形补丁数 p_t：$4\left(a^2+ab+b^2\right)$

5.2.3　三交叉型

我们还可以用"3 交叉-$2k$ 次扭曲"的方法覆盖扩展的四面体，从而得到另一种扩展的四面体链环。具体来讲，用"3 交叉"和"$2k$ 次扭曲"分别置换多面体的顶点和边。虽然这种类型的多面体链环也是由 4 个三角形环和若干个六边形环构成，但"3 交叉"这个构件明显不同于"3 分支"。当将扩展的四面体变为这种类型的扩展的四面体链环时，三角形面和六边形面分别变成了三角形环和六边形环；边变成了 $2k$ 次扭曲；顶点变成了 3 交叉曲线。根据扩展的四面体的生长规律，"3 交叉-$2k$ 次扭曲"型的扩展的四面体链环的一系列信息计算如下：

三角形环数 μ_t：4

六边形环数 μ_h：$F-4=2\left(a^2+ab+b^2\right)-2$

这种类型的多面体链环交叉点在顶点和边上均有分布。像 3 分支型链环一样，容易得到它的边上的交叉点数。至于顶点的交叉点数，每个顶点有 3 个交叉点。

交叉点数 C：

$$C = 2kE + 3V = 12k\left(a^2 + ab + b^2\right) + 3 \times 4\left(a^2 + ab + b^2\right) = 12\left(k+1\right)\left(a^2 + ab + b^2\right)$$

事实上，对于所有的 3 度顶点并且 $2k$ 扭曲的多面体链环，"3 交叉" 在每个顶点会造成 2 个 Seifert 环，每个边上的 $2k$ 次扭曲会造成 $2k-1$ 个 Seifert 环，如图 5-5 所示。

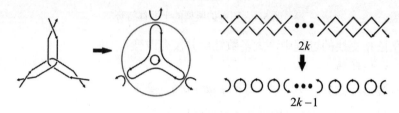

图 5-5   顶点和边上的 Seifert 环的情况

Seifert 环数：

$$S = 2V + \left(2k-1\right)E = 2 \times 4\left(a^2 + ab + b^2\right) + \left(2k-1\right) \times 6\left(a^2 + ab + b^2\right)$$
$$= \left(12k+2\right)\left(a^2 + ab + b^2\right)$$
$$S + \mu_t + \mu_h - c = 2V + \left(2k-1\right)E + F - 2kE - 3V = F - V - E。$$

这里，代入 $V + F = E + 2$ 到 $F - V - E$，可以有 $S + \mu_t + \mu_h - C = 2 - 2V = 2 - 2 \times 4(a^2 + ab + b^2)$，另一个方面，$S + \mu_t + \mu_h - C = 2 - 2g$，这里 g 等价于 V，$s + \mu_t + \mu_h - c = 2 - 2V$。总之，从式子可以看出，3 交叉型链环的欧拉示性数取决于它的顶点数。

图 5-6 是十面体的 "3 交叉-$2k$ 次扭曲" 型链环的示意图。

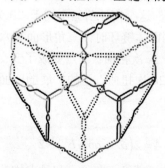

图 5-6   3 交叉型的十面体链环

5.2.4　星状型

最近，一些更为复杂的 DNA 多面体结构出现了[5, 10, 25]，这些闭合的多面体结构是将 DNA 星状模块用平行 DNA 反向双链边结构连接起来。"n 分支星状"模块用来替换多面体的顶点，这里 n 是顶点的度数。DNA 星状模块，如图 5-7a 所示，实际上是三条 DNA 双链被一条 DNA 单链锁住的对称的三分支星状曲线，它替换了多面体的顶点；而两个平行 DNA 反向双链边结构，如图 5-7b 所示，实际上是一条 DNA 闭合单链和两条 DNA 单链组成的 $2k$ 次扭曲四重线的交叉结构（k 代表每个边上全扭数），它代替了多面体的边；最终，这两种构件被拼接起来构成多面体，如图 5-7c 所示。

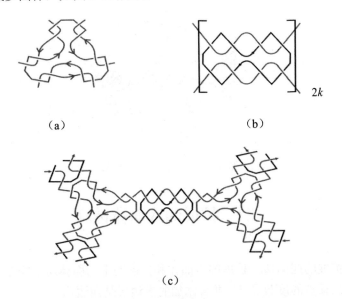

（a）　　　　　　　　　　　　（b）

（c）

图 5-7　3 分支星状的构件

同样的，在扩展的四面体基础上也可以构造扩展的四面体的星状链环。像我们所看到的那样，每一个面对应一条形成双螺旋的 DNA 单链；而每个顶点和边也包含一条 DNA 单链。

三角形环数 μ_t：4

六边形环数 μ_h：$F - 4 = 2\left(a^2 + ab + b^2\right) - 2$

顶点环形单链数 μ_v：$4\left(a^2 + ab + b^2\right)$

边交叉结构数 μ_c：$6\left(a^2+ab+b^2\right)$

由于每个顶点对应一个三分支星，每个分支星有 4 个交叉点，那么边上的交叉点数 C_v 就是：

$$C_v = 4nV = 8E = 4\times3\times4\left(a^2+ab+b^2\right) = 48\left(a^2+ab+b^2\right)$$

边上的交叉点数 C_e 也可以计算。

$$C_e = \left(2k+2\right)E = \left(2k+2\right)\times6\left(a^2+ab+b^2\right) = 12(k+1)\left(a^2+ab+b^2\right)$$

这种类型的四面体链环同样满足新欧拉公式 $S+\mu=C+2$

Seifert 环数 S：$S = \sum C_x - \sum \mu_x + 2$

最后给出扩展的四面体中的星状型的十面体链环，如图 5-8 所示。

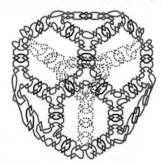

图 5-8　星状型的十面体链环

5.3　扩展的八面体链环

不像扩展的四面体、扩展的六面体和扩展的十二面体这三类多面体，扩展的八面体的顶点的度数是 4，并且添加的多边形是四边形。

扩展的八面体的面数、顶点数和边数的表达式，即它的生长规律如下：

$$F = 6\left(a^2+b^2\right)+2 \qquad ④$$

$$E = 12(a^2+b^2) \qquad ⑤$$

$$V = 6(a^2+b^2) \qquad ⑥$$

5.3.1　四分支型

如果用同样的方法考虑扩展的八面体，结果是相似的，只是这次用 "4 分支-$2k$ 次扭曲"来覆盖扩展的八面体。具体来讲，用"4 分支"和"$2k$ 次扭曲"分别置换扩展的八面体的顶点和边。扩展的八面体是由 8 个三角形和若干个四边形组成的。相应的，扩展的八面体链环由 8 个三角形环和若干个四边形环构成。在扩展的八面体向扩展的八面体链环转化的过程中，三角形面和四边形面分别变成了三角形和四边形环，而边转化成了 $2k$ 次扭曲的双螺旋线，顶点变成了 4 分支结构。根据上文扩展的八面体的生成规律，可以得到扩展的八面体链环中 4 分支型链环的一系列特征，这些都可以精确系统地描述这种链环的结构，它们的计算如下。

三角形环数 μ_t：8

四边形环数 μ_s：$F - 8 = 6(a^2 + b^2) - 6 = 6(a^2 + b^2 - 1)$

交叉点数 C：$C = 2kE = 24k(a^2 + b^2)$

Seifert 环数 S：

$$S = C - \mu_t - \mu_s + 2 = 2kE - F + 2 = 6(4k - 1)(a^2 + b^2)$$

扩展的八面体链环同样存在一对互为镜像的 D 型和 L 型。

要合成这种类型的 DNA 多面体，仍是先得到多面体面数生长规律中对应的面数的极坐标值 a、b，然后计算出相应的多面体链环的交叉点数和分支数，最后可以依据这个模型制造出对应的 DNA 多面体。

例如，需要扩展的八面体中的十四面体"4 分支-$2k$ 次扭曲"型的链环，这里仍设 $k = 1$，即 2 个交叉点。在图 5-9 的扩展的八面体生长规律中，先找到十四面体对应的极坐标值 a、b 对应的数字，然后将 $a = 1$ 和 $b = 1$ 分别代入上面得到的式子就可以获得以下信息：

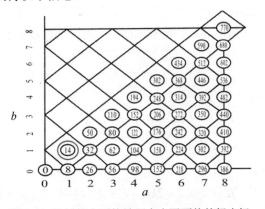

图 5-9　扩展的八面体链环中十四面体的极坐标

三角形环数 μ_t：8

四边形环数 μ_s：$F - 8 = 6\left(a^2 + b^2 - 1\right) = 6$

交叉点数 C：$2kE = 24k\left(a^2 + b^2\right) = 48$

因此，这个 DNA 多面体含有 14 条 DNA 环状单链和约 240 个碱基对。

Seifert 环数 S：$S = C - \mu + 2 = 48 - 14 + 2 = 36$

这个十四面体的"4 分支-$2k$ 次扭曲"型链环的示意图如图 5-10 所示。

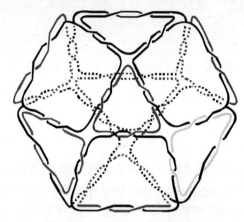

图 5-10　4 分支型十四面体链环

5.3.2　顶点扩展型

同样，若在顶点处进行拉伸，这种 4 分支型的链环也会转变为顶点扩展型。如同扩展的四面体链环一样，在拓扑变换的过程中，$2k$ 次扭曲变成了新的节点；而在 4 分支的位置出现了新的矩形状补丁；四边形环仍保持为四边形环，同样三角形环也保持为三角形环，只是它们的顶点和边分别替换了原来的 $2k$ 次扭曲和 4 分支。图 5-11 显示了 4 分支型的十四面体链环经过变形后的顶点扩展型链环。

三角形环数 μ_t：8

四边形环数 μ_s：$F - 8 = 6\left(a^2 + b^2\right) - 6 = 6\left(a^2 + b^2 - 1\right)$

交叉点数 C：$2kE = 24k\left(a^2 + b^2\right)$

Seifert 环数 S：

$$S = C - \mu_t - \mu_s + 2 = 2kE - F + 2 = 6(4k - 1)\left(a^2 + b^2\right)$$

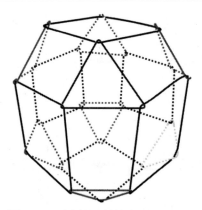

图 5-11　顶点扩展型的十四面体链环

此外，新的矩形补丁出现在原来 4 分支型的 4 分支处，因此它的数目和原十四面体的顶点数相等。

新矩形补丁数 p_r：$6(a^2+b^2)$

5.3.3　四交叉型

同样的，用"4 交叉-$2k$ 次"扭曲来覆盖扩展的八面体可以得到扩展的八面体链环。"4 交叉"和"$2k$ 次扭曲"分别置换扩展的八面体的顶点和边。当将扩展的八面体变为这种类型的扩展的八面体链环时，三角形面和四边形面分别变成了三角形环和四边形环；边变成了 $2k$ 次扭曲；顶点变成了 4 交叉曲线。根据扩展的八面体的生长规律，"4 交叉-$2k$ 次扭曲"型的扩展的四面体链环的一系列信息计算如下：

三角形环数 μ_t：8

四边形环数 μ_s：$F-8=6(a^2+b^2)-6=6(a^2+b^2-1)$

边数乘以 $2k$ 就可以得到边上的交叉点数。同样，每个顶点有 4 个交叉点，顶点上的交叉点数就是 $4V$。

交叉点数 C：

$$c=2kE+4V=24k(a^2+b^2)+4\times6(a^2+b^2)=24(k+1)(a^2+b^2)$$

事实上，对于所有的 4 度顶点并且 $2k$ 扭曲的多面体链环，"4 交叉"在每个顶点会造成 4 个或者 2 个 Seifert 环，如图 5-12 所示；而每个边上的 $2k$ 次扭曲仍会造成 $2k-1$ 个 Seifert 环。

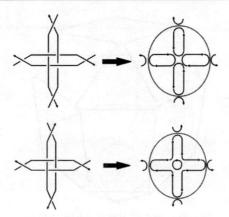

图 5-12   顶点上的 Seifert 环的情况

Seifert 环数:

$$S_1 = 2V + (2k-1)E = 2 \times 6(a^2 + b^2) + (2k-1) \times 12(a^2 + b^2) = 24k(a^2 + b^2)$$

$$S_2 = 4V + (2k-1)E = 4 \times 6(a^2 + b^2) + (2k-1) \times 12(a^2 + b^2) = (24k+12)(a^2 + b^2)$$

$$S + \mu_t + \mu_s - C = 2V + (2k-1)E + F - 2kE - 4V = F - 2V - E$$

将 $V + F = E + 2$ 代入 $F - V - E$,得到

$$S + \mu_t + \mu_s - C = 2 - 3V = 2 - 3 \times 6(a^2 + b^2) = 2 - 18(a^2 + b^2)$$

图 5-13 是十四面体的 "4 交叉-$2k$ 次扭曲" 型链环的示意图。

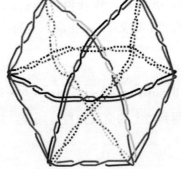

图 5-13   4 交叉型的十四面体链环

5.3.4 星状型

我们已经讨论了 "3 分支星状" 模块来构筑 3 度顶点的多面体,如扩展的四面体、扩展的六面体、扩展的十二面体。进一步,"4 分支星状" 模块也可以

用作组装 4 度顶点的多面体，例如扩展的八面体。因此，DNA 星状模块如图 5-14a 所示，实际上是四条 DNA 双链被一条 DNA 单链锁住的对称的四分支星状曲线，它替换了多面体的顶点；而两个平行 DNA 反向双链边结构，如图 5-14b 所示，实际上是一条 DNA 闭合单链和两条 DNA 单链组成的 $2k$ 次扭曲四重线的交叉结构（k 代表每个边上全扭数），它代替了多面体的边；最终，这两种构件被拼接起来构成多面体，如图 5-14c 所示。

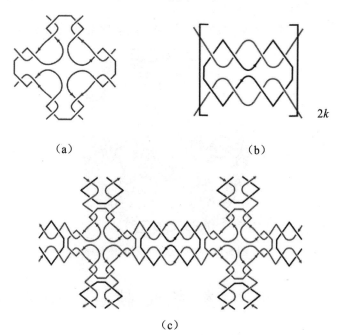

（a）　　　　　　　　　　（b）　　　$2k$

（c）

图 5-14　四分支星状的构件

结果，可以依照构筑扩展的四面体的方法构筑扩展的八面体星状型链环。很明显，每一个面对应一条形成双螺旋的 DNA 单链；而每个顶点和边也包含一条 DNA 单链。

三角形环数 μ_t：8

四边形环数 μ_s：$F-8=6\left(a^2+b^2\right)-6=6\left(a^2+b^2-1\right)$

顶点环形单链数 μ_v：$6\left(a^2+b^2\right)$

边交叉结构数 μ_c：$12\left(a^2+b^2\right)$

由于每个顶点对应一个四分支星，每个分支星有 4 个交叉点，那么边上的

交叉点数 C_v 就是:

顶点交叉点数 C_v: $4nV = 4 \times 4 \times 6\left(a^2 + b^2\right) = 96\left(a^2 + b^2\right)$

边交叉点数 C_e:

$$C_e = (2k+2)E = (2k+2) \times 12\left(a^2 + b^2\right) = 24(k+1)\left(a^2 + b^2\right)$$

这种类型的八面体链环同样满足新欧拉公式 $S + \mu = C + 2$

Seifert 环数 S: $S = \sum c_x - \sum \mu_x + 2$

最后给出扩展的八面体中的星状型的十四面体链环, 如图 5-15 所示。

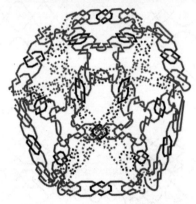

图 5-15   星状型的十四面体链环

参 考 文 献

[1] N. C. Seeman, Biochemistry and structural DNA nanotechnology: An evolving symbiotic relationship[J]. Biochemistry. 42 (2003): 7259-7269.

[2] N. C. Seeman, Nanomaterials based on DNA[J]. Annu. Rev. Biochem. 79 (2010): 65-87.

[3] A. V. Pinheiro, D. -R. Han, W. M. Shih, H. Yan, Challenges and opportunities for structural DNA nanotechnology[J]. Nature Nanotech. 6 (2011): 763-772.

[4] J. -P. Zheng, J. J. Birktoft, Y. Chen, T. Wang, R. -J. Sha, P. E. Constantinou, S. L. Ginell, C. -D. Mao, N. C. Seeman, From molecular to macroscopic via the rational design of a self-assembled 3D DNA crystal[J]. Nature. 461 (2009): 74-77.

[5] C. Zhang, Y. He, M. Su, S. H. Ko, T. Ye, Y. -J. Leng, X. -P. Sun, A. E. Ribbe, W. Jiang, C. -D. Mao, DNA self-assembly: from 2D to 3D[J]. Faraday Discuss. 143 (2009): 221-223.

[6] W. -Y. Qiu, Z. Wang, G. Hu, The Chemistry and Mathematics of DNA Polyhedra[M]. NOVA, New York, 2010.

[7] Z. Li, B. Wei, J. Nangreave, C. -X. Lin, Y. Liu, Y. -L. Mi, H. Yan, A replicable tetrahedral nanostructure self-assembled from a single DNA strand[J]. J. Am. Chem. Soc. 131 (2009): 13093-13098.

[8] N. C. Seeman, DNA in a material world[J]. Nature 421 (2003): 427-431.

[9] Y. Zhang, N. C. Seeman, Construction of a DNA truncated octahedron[J]. J. Am. Chem. Soc. 116 (1994): 1661-1669.

[10] Y. He, M. Su, P. -A. Fang, C. Zhang, A. E. Ribbe, W. Jiang, C. Mao, On the chirality of self-assembled DNA octahedra[J]. Angew. Chem. Int. Ed. 48 (2009): 748-751.

[11] D. Bhatia, S. Mehlab, R. Krishnan, S. S. Indi, A. Basu, Y. Krishnan, Icosahedral DNA nanocapsules by modular assembly[J]. Angew. Chem. Int. Ed. 48 (2009): 4134-4137.

[12] H. Dietz, S. M. Douglas, W. M. Shih, Folding DNA into twisted and curved nanoscale shapes[J]. Science. 325 (2009): 725-730.

[13] S. F. J. Wickham, B. Jonathan, K. Yousuke, M. Endo, K. Hidaka, H. Sugiyama, A. J. Turberfield, A DNA-based molecular motor that can navigate a network of tracks[J]. Nature Nanotech. 7 (2012): 169-173.

[14] A. S. Walsh, H. -F. Yin, C. M. Erben, M. J. A. Wood, A. J. Turberfield, DNA cage delivery to mammalian cells[J]. ACS Nano. 5 (2011): 5427-5432.

[15] G. Hu, X. -D. Zhai, D. Lu, W. -Y. Qiu, The architecture of Platonic polyhedral links[J]. J. Math. Chem. 46 (2009): 592-603.

[16] G. Hu, W. -Y. Qiu, Extended Goldberg polyhedra[J]. MATCH Commun. Math. Comput. Chem. 59 (2008): 585-594.

[17] G. Hu, W. -Y. Qiu, Extended Goldberg polyhedral links with even tangles[J]. MATCH Commun. Math. Comput. Chem. 61 (2009): 737-752.

[18] G. Hu, W. -Y. Qiu, Extended Goldberg polyhedral links with odd tangles[J]. MATCH Commun. Math. Comput. Chem. 61 (2009): 753-766.

[19] W. R. Wikoff, L. Liljas, R. L. Duda, H. Tsuruta, R. W. Hendrix, J. E. Johnson, Topologically linked protein rings in the Bacteriophage HK97 Capsid[J]. Science. 289 (2000): 2129-2133.

[20] W. -Y. Qiu, Knot theory, DNA topology, and molecular symmetry breaking, In Chemical Topology—Applications and Techniques, Mathematical Chemistry Series, Vol. 6 (Eds. D. Bonchev and D. H. Rouvray)[M]. Gordon and Breach Science Publishers, Amsterdam, 2000, 175-237.

[21] G. Hu, W. -Y. Qiu, A. Ceulemans, A new Euler's formula for DNA polyhedra[J]. PLoS ONE. 6 (2011): e26308.

[22] 胡广. 病毒和 DNA 多面体分子的几何学和拓扑学分析[D]. 兰州：兰州大学，2010.

[23] T. Deng, M. -L. Yu, G. Hu, W. -Y. Qiu, The architecture and growth of extended Platonic polyhedra[J]. MATCH Commun. Math. Comput. Chem. 67 (2012): 713-730.

[24] C. L. P. Oliveira, S. Juul, H. L. Jørgensen, B. Knudsen, et al. Structure of nanoscale truncated octahedral DNA cages: Variation of single-stranded linker regions and influence on assembly yields[J]. ACS Nano. 4 (2010): 1367-1376.

[25] C. Zhang, S. H. Ko, M. Su, Y. -J. Leng, A. E. Ribbe, W. Jiang, C. Mao, Symmetry controls the face geometry of DNA polyhedra[J]. J. Am. Chem. Soc. 131 (2009): 1413-1415.

第 6 章　扩展的 Goldberg 多面体

本章中提出了两种构筑多面体的拓扑学方法（球面旋转和球面拉伸），球面旋转是一个在球面上旋转多边形的变形过程，而球面拉伸则描述了在球面上拉伸多边形之间距离的变形行为。将球面旋转的方法应用于 Goldberg 多面体得到了一系列由单一三角形填充的旋转扩展 Goldberg 多面体，而球面拉伸则产生另一系列由三角形和四边形填充的拉伸扩展 Goldberg 多面体。这些多面体是稳定的和满足二十面体对称性的，它们可以用来表征人类疱疹病毒和西门利克森林病毒这些满足 Casper-Klug 理论但不能用 Goldberg 多面体来表征的病毒衣壳结构。

6.1　引　　言

Goldberg 多面体[1-3]是一类具有二十面体对称性[4]的富勒烯多面体，它包含12 个五边形，其余的面都是六边形。Jendrol[5]等人在 2001 年证明了存在更多的二十面体富勒烯，Kardo[6, 7]在 2007 年讨论了具有四面体和二面角对称性的富勒烯。Goldberg 多面体还可以用来表征遵从 Casper-Klug 理论（CK 理论）[8, 9]的二十面体病毒，它的五边形面和六边形面分别表示五聚体和六聚体壳粒。

实验发现某些满足 CK 理论的病毒衣壳形态并不能用 Goldberg 多面体来表征。人类疱疹病毒衣壳[10]的表面结构不仅包含着 12 个五聚体、150 个六聚体，并在准 3 次轴处分布了 320 个异三聚体；西门利克森林病毒[11, 12]的衣壳是由 240 个蛋白亚基构成的，它的表面以五聚体和六聚体进行准等价排列，这种排列不是很精确，在 2 次轴处相邻的五聚体和六聚体、六聚体和六聚体之间都不是紧密地连接在一起的，而是相互分离的，由此产生了 120 个四边形空隙，同时在准 3 次轴处也产生了 80 个三角形空隙。

三维球面的空间是最简单的紧致三维流形[13]，将多面体面转化为拓扑橡皮球面，可以对它任意的扭曲、弯折、拉伸、压缩，却不会改变它的单连通性。本章基于 Goldberg 多面体提出两种构造多面体的拓扑学方法：球面旋转和球面拉伸，从而构造了两类新的多面体模型，并初步分析了它们的稳定性和对称性。我们将旋转和拉伸扩展 Goldberg 多面体定义为 $\Gamma(a, b)$ –扩展 Goldberg 多面体，它表示得到的多面体具有 Γ 对称性且填充了 a 度和 b 度的面，它们可以用来解释那些衣壳壳粒旋转或分离的，而不能用 Goldberg 多面体来表征的满足 CK 理论的病毒衣壳结构。

6.2　旋转扩展 Goldberg 多面体

从拓扑学角度来说，Goldberg 多面体同胚于一个球面，所以一个旋转扩展的 Goldberg 多面体可以由下面的球面旋转的方法得到。

第一步，将多面体 P 上的点做球心投影，映射到它的外接球面 S 上，这样 P 上所有面的投影像就不重叠地盖满球面，P 上 F 个面，E 条棱和 V 个顶点，投影成球面上 F 个球面多边形、E 条圆弧和 V 个顶点。

第二步，逐渐增大外接球的半径，保持球面多边形的中心位置和弧长不变，这样在球面上原来的多边形之间会产生逐渐增大的空隙。使它们朝同一个方向（顺时针或逆时针）以相同的速度旋转，在膨胀的某个时刻，它们的每个顶点都会与其他的球面多边形的顶点相连接，这时停止膨胀，在三个顶点之间便形成了一个球面三角形。在这个过程中，球面多边形弯曲程度的变化是被允许的。

第三步，将这个膨胀后的球面 S' 上的点映射回它的内接多面体 P'，这样就给这个拓扑球面赋予了一个由单一三角形填充的旋转扩展 Goldberg 多面体的几何构型。

以十二面体为例，图 6-1 描述了球面旋转这个拓扑变形过程，得到的旋转扩展十二面体对应于阿基米德多面体中的截半二十面体[14]。

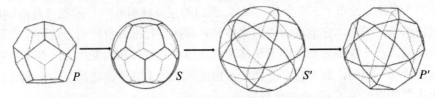

图 6-1　十二面体通过球面旋转得到旋转扩展十二面体

这里构筑了两类名为 $\Gamma(3, 0)$–旋转扩展 Goldberg 多面体，第一类旋转扩展 Goldberg 多面体基于 42 面体、92 面体、162 面体…，它们所包含的面数 F_n 可

以由下面的公式得到:

$$F_n = f_5 + f_6 + f_3 = 12 + 10\,(n^2 + 2n) + 20\,(n + 1)^2,$$

其中 f_5, f_6, f_3 分别表示五边形、六边形和三角形的数目, $n = 1, 2, 3\dots$

当 $n = 1$ 时（图 6-2a）, $f_5 = 12$, $f_6 = 10\,(1^2 + 2*1) = 30$, $f_3 = 20\,(1 + 1)^2 = 80$, $F_1 = f_5 + f_6 + f_3 = 12 + 30 + 80 = 122$, 它的对称群为 I_h。

当 $n = 2$ 时（图 6-2b）, $f_5 = 12$, $f_6 = 10\,(2^2 + 2*2) = 80$, $f_3 = 20\,(2 + 1)^2 = 180$, $F_2 = f_5 + f_6 + f_3 = 12 + 80 + 180 = 272$, 它的对称群为 I_h。

当 $n = 3$ 时（图 6-2c）, $f_5 = 12$, $f_6 = 10\,(3^2 + 2*3) = 150$, $f_3 = 20\,(3 + 1)^2 = 320$, $F_3 = f_5 + f_6 + f_3 = 12 + 150 + 320 = 482$, 对称群为 I_h, 它的结构可以模拟人类疱疹病毒衣壳的结构, 其中填充的三角形可以模拟衣壳表面的异三聚体。

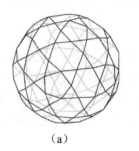 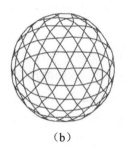 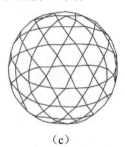

（a）　　　　　　　　（b）　　　　　　　　（c）

图 6-2　第一类旋转扩展多面体

第二类是旋转扩展 Goldberg 多面体是基于 32 面体、72 面体、132 面体（图 6-3）…, 它们所包含面数 F_n 可以由下面的公式得到:

$$F_n = f_5 + f_6 + f_3 = 12 + 10\,(n^2 + n) + 20\,(n^2 + n + 1)。$$

当 $n = 1, 2, 3$（图 6-3a, b, c）, f_5 为 12, f_6 分别为 20, 60, 120, f_3 分别为 60, 140, 260, 总的面数 $F_1 = 92$, $F_2 = 212$, $F_3 = 392$, 且当 $n = 1$ 时它的对称群为 I_h, $n = 2$ 和 $n = 3$ 时它的对称群为 I。

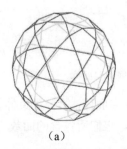 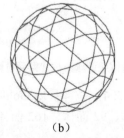 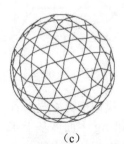

（a）　　　　　　　　（b）　　　　　　　　（c）

图 6-3　第二类旋转扩展多面体

旋转扩展 Goldberg 多面体可以用来表征表面壳粒发生了旋转的二十面体病毒衣壳。用一对正整数（h, k）可以刻画这两类旋转扩展多面体：顶点数（V）$V = 30\,(h^2 + hk + k^2)$；面数（F）$F = 30\,(h^2 + hk + k^2) + 2$；其中，$h$、$k$ 是正整数且 $0 < h \geq k \geq 0$，三角形剖分数 $T = h^2 + hk + k^2$。

6.3　拉伸扩展 Goldberg 多面体

与旋转扩展 Goldberg 多面体相似，从一个 Goldberg 多面体开始，一个拉伸扩展 Goldberg 多面体可以用下面的球面拉伸的方法进行构筑。

第一步，将多面体 P 映射到它的外接球面 S 上。

第二步，接着膨胀球面，而原来那些球面多边形则保持弧长和在球面上的位置不变，只允许它们的弯曲程度发生变化以适应由于半径增大带来球面曲率的变化，使它们能紧密地覆盖球面，球面的增大拉伸了球面多边形圆弧与圆弧、顶点和顶点之间的距离，当两条圆弧之间的距离被拉伸到与圆弧自身一样长时，这时停止膨胀，在两条圆弧之间和三个顶点之间分别生成了一个球面四边形和一个球面三角形。

最后，将这个膨胀后的球面 S' 上的点映射回它的内接多面体 P'，这样就给这个拓扑球面赋予了一个由三角形和四边形填充的拉伸扩展的 Goldberg 多面体的几何构型。

以十二面体为例，图 6-4 描述了球面拉伸这个拓扑变形过程，得到的旋转扩展十二面体对应于阿基米德多面体中的小斜方截半二十面体[14]。

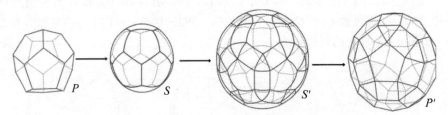

图 6-4　十二面体通过球面拉伸得到拉伸扩展十二面体

我们构筑了两类名为 $\Gamma(3, 4)$–拉伸扩展 Goldberg 多面体，第一类拉伸扩展 Goldberg 多面体基于 42 面体、92 面体、162 面体…，它们所包含的面数 F_n 可以由下面的公式得到：

$$F_n = f_5 + f_6 + f_3 + f_4 = 12 + 10\,(n^2 + 2n) + 20\,(n+1)^2 + 30\,(n+1)^2$$

其中 f_5, f_6, f_3, f_4 分别表示五边形，六边形，三角形和四边形的数目，$n = 1, 2, 3\ldots$

当 $n = 1$ 时（图 6-5a），$f_5 = 12$，$f_6 = 10\,(1^2 + 2*1) = 30$，$f_3 = 20\,(1+1)^2 = 80$，$f_4 = 30\,(1+1)^2 = 120$，$F_1 = f_5 + f_6 + f_3 + f_4 = 12 + 30 + 80 + 120 = 242$，对称群为 I_h，它的结构与西门利克病毒的衣壳结构相似，其中填入的四边形和三角形的公共边（紫色）模拟了亚基间的蛋白质链。

当 $n = 2$ 时（图 6-5b），$f_5 = 12$，$f_6 = 10\,(2^2 + 2*2) = 80$，$f_3 = 20\,(2+1)^2 = 180$，$f_4 = 30\,(2+1)^2 = 270$，$F_2 = f_5 + f_6 + f_3 + f_4 = 12 + 80 + 180 + 270 = 542$，它的对称群为 I_h。

当 $n = 3$ 时（图 6-5c），$f_5 = 12$，$f_6 = 10\,(3^2 + 2*3) = 150$，$f_3 = 20\,(3+1)^2 = 320$，$f_4 = 30\,(3+1)^2 = 480$，$F_3 = f_5 + f_6 + f_3 + f_4 = 12 + 150 + 320 + 480 = 962$，它的对称群为 I_h。

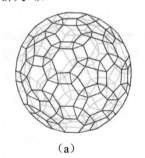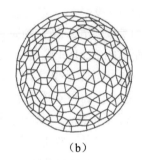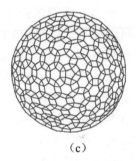

（a）　　　　　　　　　（b）　　　　　　　　　（c）

图 6-5　第一类拉伸扩展 Goldberg 多面体

第二类拉伸扩展 Goldberg 多面体基于 32 面体、72 面体、132 面体…，它们所包含的面数 F_n 可以由下面的公式得到：

$$F_n = f_5 + f_6 + f_3 + f_4 = 12 + 10\,(n^2 + n) + 20\,(n^2 + n + 1) + 30\,(n^2 + n + 1)$$

当 $n = 1, 2, 3$（图 6-6a，b，c），f_5 都为 12，f_6 分别为 20, 60, 120，f_3 分别为 60, 140, 260，f_4 则分别为 90, 210, 390，总的面数 $f_1 = 182$，$f_2 = 422$，$f_3 = 782$，且当 $n = 1$ 时，它的对称群为 I_h，$n = 2, 3$ 时它的对称群为 I。

拉伸扩展 Goldberg 多面体可以用来表征表面壳粒发生了分离的二十面体病毒衣壳。用一对正整数 (h, k) 可以刻画这两类拉伸扩展多面体：顶点数 (V) $V = 60\,(h^2 + hk + k^2)$；面数 (F) $F = 60\,(h^2 + hk + k^2) + 2$；其中，$h$、$k$ 是正整数且 $0 < h \geqslant k \geqslant 0$，$T = h^2 + hk + k^2$。

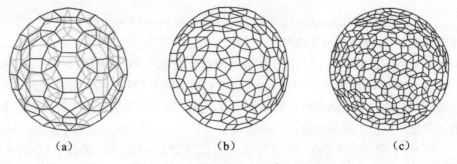

（a）　　　　　　　（b）　　　　　　　（c）

图 6-6　第二类拉伸扩展 Goldberg 多面体

6.4　稳定性和对称性

一个三维的多面体可以拓扑投影到二维平面上，形成的图在图论称为 Schlgel 图[15]，如果这个图具有完美匹配，当它的完美匹配数越多，则这个多面体结构越稳定。Goldberg 多面体的 Schlgel 图是 3-正则和 3-连通的，通过分解的方法估算出含有 p 个顶点的富勒烯图至少含有 $3(p+2)/4$ 个完美匹配[16]。扩展 Goldberg 多面体的 Schlgel 图是 4-正则和 4-连通的（图 6-7），且它的每一条边都在某些完美匹配中出现，它是 1-扩张的，每一个有 V 个顶点和 E 条边的 1-扩张图至少包含$(p-q)/2+2$ 个完美匹配[17]。对于得到的旋转扩展 Goldberg 多面体图至少有 $15T+2$ 个完美匹配，而拉伸扩展 Goldberg 多面体图至少有 $30T+2$ 个完美匹配。

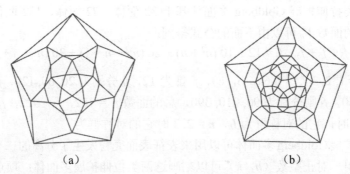

（a）　　　　　　　　　　（b）

图 6-7　（a）I_h (3, 0)－十二面体　（b）I_h (3, 4)－十二面体

Goldberg 多面体满足二十面体对称性（I 或者 I_h），它具有 5、3、2 次轴，

却不是所有的 Goldberg 多面体都具有对称面，比如 72 面体没有对称面，它的点群为 I；92 面体具有对称面，它的点群为 I_h。在旋转扩展 Goldberg 多面体中，五边形和六边形旋转了相同的角度，保持着 C_5 和 C_3 旋转对称性，填入的三角形具有 C_3 对称性，所以保持了 Goldberg 多面体的对称性；拉伸扩展 Goldberg 多面体中，填入的四边形具有 C_2 对称性，三角形具有 C_3 对称性，所以也保持了 Goldberg 多面体的对称性，即：$I \rightarrow I$，$I_h \rightarrow I_h$。

参 考 文 献

[1] M. Goldberg, A class of multi-symmetric polyhedra[J]. Tohoku Math. J. 43 (1937): 104-108.

[2] H. S. M. Coxeter, Virus macromolecules and geodesic domes, In A Spectrum of Mathematics (Ed. J. C. Butcher)[M]. Auckland University Press, Auckland, 1972, 98-107.

[3] W. -Y. Qiu, X. -D. Zhai, Molecular design of Goldberg polyhedral links[J]. J. Mol. Struct. (THEOCHEM). 756 (2005): 163-166.

[4] H. W. Kroto, J. R. Heath, S. C. O'Brien, R. F. Curl, R. E. Smalley, C_{60}-Buckminsterfullerene[J]. Nature. 318 (1985): 163-165.

[5] S. Jendrol', M. Trenkler, More icosahedral fulleroids[J] J. Math. Chem. 29 (2001): 235-243.

[6] F. Kardos, Tetrahedral fulleroids[J] J. Math. Chem. 41 (2007): 101-111.

[7] F. Kardos, Fulleroids with dihedral symmetry[J]. Electronic Notes in Discrete Mathematics. 28 (2007): 287-292.

[8] D. L. D. Casper, A. Klug, Physical principles in the construction of regular viruses[J]. Cold Spring Harbor Symp. Quant. Biol. 17 (1962): 1-24.

[9] A. Klug, Molecular structure: Architectural design of spherical viruses[J]. Nature. 303 (1983): 378-379.

[10] Z. H. Zhou, M. Dougherty, J. Jakana, J. He, F. J. Rixon, W. Chiu, Seeing the Herpesvirus Capsid at 8.5 Angstrom[J]. Science. 288 (2000): 877-880.

[11] E. J. Mancini, M. Clarke, B. E. Gowen, T. Rutten, S. D. Fuller, Cryo-electron microscopy reveals the functional organization of an enveloped virus,

Semliki Forest virus[J]. Mol. Cell. 5 (2000): 255-266.

[12] F. Kovács, T. Tarnai, S. D. Guest, P. W. Fowler, Double-link expandohedra: A mechanical model for expansion of a virus[J]. Pro. R. Soc. A. 460 (2004): 3191-3202.

[13] R. Twarock, Mathematical virology: A novel approach to the structure and assembly of viruses[J]. Philos. Trans. R. Soc. A. 364 (2006): 3357-3373.

[14] G. P. Collins, The shapes of space[J]. Sci. Amer. 291 (2004): 94-103.

[15] H. M. Cundy, A. P. Rollet, Mathematical Models[M]. Clarendon Press, Oxford, 1954.

[16] H. S. M. Coxeter, Regular Polytopes (3rd ed.)[M]. Dover Publications, Dover, 1973.

[17] H. P. Zhang, F. J. Zhang, New lower bound on the number of perfect matchings in fullerene graphs in fullerene graphs[J]. J. Math. Chem. 30 (2001): 343-347.

第 7 章　偶数次缠绕的 Goldberg 多面体链环

基于扩展的 Goldberg 多面体和纽结理论，本章提出了一种新的构筑多面体链环的方法。在这个方法中，2n 次缠绕被用于覆盖扩展的 Goldberg 多面体的四度顶点，将组装成一系列互索和嵌套的多面体链环结构。通过列举 n = ±1 时的结果，可以得出它们的系统生长规律。结果表明这些手性链环具有 I 对称性，且以 D 和 L 两种互为拓扑立体异构体的形式存在，可以为那些具有手性的二十面体病毒结构提供潜在的模型。

7.1　引　言

拓扑链环或索烃是一种不常见的分子结构的新形式，在最近几十年里被不断地关注和研究[1-5]。例如，由大环合成的有机化合物索烃和由 DNA 链嵌套而成的 DNA 多面体索烃[6-17]已经在实验室中实现了，并已引起了理论学家的兴趣。随着纽结理论的发展[18-22]，它给研究这些拓扑非平凡分子的结构提供了强有力的数学工具。自从第一个蛋白质索烃结构在病毒衣壳中被发现后[23]，2005年 Qiu 等人在理论上构筑了 Goldberg 多面体链环[24]和碳纳米管链环[25]。这开创了一个用数学方法，尤其是拓扑学中的纽结理论，去刻画和构筑已有的和新颖的多面体链环的研究领域。

自然界中存在着丰富的多面体[26, 27]，这给链环的构筑提供了大量的有可能存在的骨架结构。我们要关注的是两类新颖的具有二十面体对称性的结构，旋转和拉伸扩展的 Goldberg 多面体[28-31]。它们的顶点数和面数分别满足：

$$V_R = 30(h^2 + hk + k^2) ;\quad V_S = 60(h^2 + hk + k^2) ;$$
$$F_R = 30(h^2 + hk + k^2) + 2 ;\quad F_S = 60(h^2 + hk + k^2) + 2 .$$

h 和 k 是两个整数且 $0 < h \geqslant k \geqslant 0$，并把 $G = (h, k)$ 叫做 G 矢量[32]。这两类新颖的 4-正则多面体可以解释某些不能用 Goldberg 多面体表征的二十面体病毒衣壳[33,34]。

本章基于扩展的 Goldberg 多面体和纽结理论，提出了一种新的构筑多面体链环的方法。构筑得到的新颖多面体链环满足 I 对称性，因而具有手性。对这些链环对称性的研究将有助于理解蛋白质和 DNA 索烃的结构原理和组装过程，并能够指导蛋白质和 DNA 索烃的分子设计。此外，这些具有手性的结构也许可以为具有手性的二十面体病毒衣壳提供理论模型[35]。

为了方便，定义了一些术语的缩写：GP、GPL 代表 Goldberg 多面体及链环，REGP、REGPL 代表旋转扩展的 Goldberg 多面体及链环，SEGP、SEGPL 代表拉伸扩展的 Goldberg 多面体及链环。

7.2 构 筑 方 法

定义 1. 在纽结理论中，缠绕是链环投影图中的某个具有四分支（NW，NE，SW，SE）的局部，它在构建 DNA 复制和 DNA-蛋白质复合体的理论模型中有重要的应用[36-38]。从分子设计的角度出发，缠绕可以作为链环投影图的构建单元，相同的单元能够组装成预先设计好的拓扑结构。在该方法中，链环的构筑要满足下面三条规则：

（1）缠绕选择：用 $2n$ 次缠绕作为覆盖 EPG 四价顶点的结构基元，$2n$ 次缠绕表示着这个缠绕向右或向左扭曲了 $2n$ 次，所以交叉点成对出现。n 为不等于零的整数，其中 $n = \pm 1$，± 2 的缠绕结构在图 7-1 中给出。当 $n > 0$ 时，得到的链环构型为 D，反之，如果 $n < 0$，链环的构型则为 L，它们以拓扑对映异构体的形式存在[25]。用 $2n$ 次缠绕作为覆盖 EPG 四顶点的结构基元（图 7-1），$2n$ 是缠绕数，$|n|$ 代表缠绕中扭曲的个数，所以在每个偶数次缠绕的重复单位中都发生了一次扭曲，上交叉点和下交叉点成对出现。例如 $n = \pm 1$ 时，缠绕中包含 2 个交叉点，$n = \pm 2$ 时，缠绕中出现了 4 个交叉点。当 $n > 0$ 时，正缠绕向左扭曲，得到的链环为 L 构型，反之，如果 $n < 0$，负缠绕向右扭曲，得到的链环为 D 构型。

（2）缠绕放置：将 NW 和 SW 末端以及 NE 和 SE 末端之间的区域定义为缠绕的外部空间 S^e。在顶点处放置缠绕时，四条弧与四条边重叠，并保证 S^e 分布在 REGP 的三角形面和 SEGP 的四边形面上。

（3）缠绕连接：把重叠在同一条边上的两条边的末端依次连接起来，这样就得到一个顶点偶数次缠绕的多面体链环 REPGL 和 SEPGL。

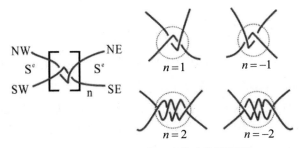

图 7-1　$n = 1, -1, 2, -2$ 时的缠绕投影图

REPGL 中存在着五元环和六元环，而在 SEPGL 中五元环、六元环和三元环以偶数次缠绕相互嵌套。所以对于这两系列无穷的多面体链环，它们的分支数 C_R 和 C_S，交叉点数 N_R 和 N_S 存在着系统的计算公式，即：

$$C_R = R_5 + R_6 = 10(h^2 + hk + k^2) + 2 ;$$

$$C_S = R_5 + R_6 + R_3 = 30(h^2 + hk + k^2) + 2 ;$$

$$N_R = 2nV = 60n(h^2 + hk + k^2) ; \quad N_S = 2nV = 120n(h^2 + hk + k^2) 。$$

由于顶点发生了缠绕，这些链环都不存在镜面对称性，只保留了二十面体的旋转对称性，所以它们的点群属于 I。

定义 2. 给链环的每个分支赋予相同的走向（顺时针或逆时针），根据它们的环绕数 L_k 的正负性，它们可以被赋予一种绝对构型，正缠绕和负缠绕构筑的链环分别对应于 L 和 D 构型[39]。这些多面体链环也许可以为具有手性的二十面体病毒衣壳提供模型，像人类疱疹病毒衣壳的手性不是由于其非歪斜的几何点阵引起的，很可能是由于多聚体壳粒之间发生的缠绕引起的。同时由于自发的对称性破缺，一种病毒的衣壳只能存在一种手性，左旋的可以用 L 构型的链环来表征，右旋的就用 D 构型的链环来表征。

为了构筑方便，在下面两节只讨论 $n = \pm 1$，即用包含 2 个扭曲的缠绕覆盖顶点的结果，并根据多面体的对称性，把多面体链环分成两类，分别在第三节和第四节中讨论。第一类多面体链环是基于 I_h 对称性的多面体，第二类多面体链环是基于 I 对称性的多面体。

7.3　第一类多面体链环

EGP 的对称性依赖于 G 矢量，当 $G = (h, 0)$ 或 (h, h) 时，对应的是具有 I_h 对称性的非手性多面体。第一类多面体链环在构筑过程中，镜面对称性消失，所以这是一个产生手性的过程。

当 $G = (1, 0)$ 时，$F = 30(h^2 + hk + k^2) + 2 = 30(1^2 + 1 \times 0 + 0^2) + 2 = 32$ 或 $F = 60$ $(h^2 + hk + k^2) + 2 = 60(1^2 + 1 \times 0 + 0^2) + 2 = 62$，得到的是 $I_h(3, 0)$-32-面体链环（图 7-2）和 $I_h(3, 4)$-62-面体链环（图 7-3）。它们都存在两种拓扑对映异构体的构型，$n = 1$ 对应的是 D 构型，$n = -1$ 对应的是 L 构型。对于 $I_h(3, 0)$-32-面体链环，它的分支数 $C_R = 10(1^2 + 1 \times 0 + 0^2) + 2 = 12$，交叉点数 $N_R = 60(1^2 + 1 \times 0 + 0^2) = 60$。对于 $I_h(3, 4)$-62-面体链环，它的分支数 $C_S = 30(1^2 + 1 \times 0 + 0^2) + 2 = 32$，交叉点数 $N_S = 120(1^2 + 1 \times 0 + 0^2) = 120$。

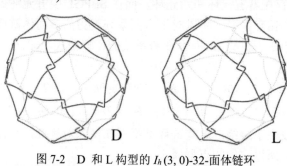

图 7-2   D 和 L 构型的 $I_h(3, 0)$-32-面体链环

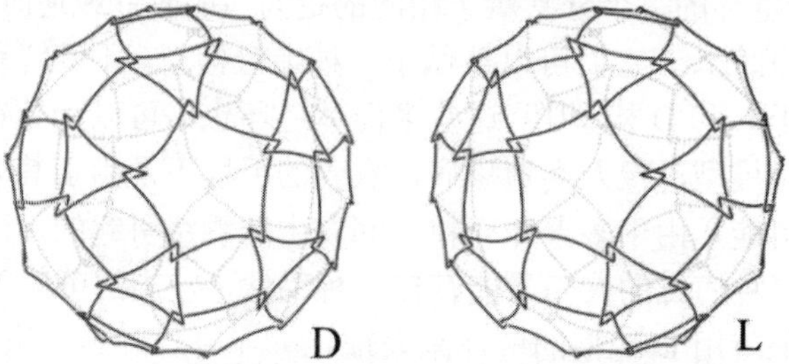

图 7-3   D 和 L 构型的 $I_h(3, 4)$-62-面体链环

当 $G = (1, 1)$ 时，$F = 30(1^2 + 1 \times 1 + 1^2) + 2 = 92$ 或 $F = 60(1^2 + 1 \times 1 + 1^2)$ $+ 2 = 182$，得到的是 $I_h(3, 0)$-92-面体链环（图 7-4）和 $I_h(3, 4)$-182-面体链环（图 7-5）。对于 $I_h(3, 0)$-92-面体链环，它的交叉点数 $N_R = 180$，分支数 $C_R = 32$，由 12 个五元环和 20 个六元环组成。对于 $I_h(3, 4)$-182-面体链环，它的交叉点数 $N_S = 360$，分支数 $C_S = 92$，包含 12 个五元环、20 个六元环和 60 个三元环。

$G = (2, 0)$ 时，$F = 30(2^2 + 2 \times 0 + 0^2) + 2 = 122$ 或 $F = 60(1^2 + 1 \times 1 + 1^2)$ $+ 2 = 242$，得到的是 $I_h(3, 0)$-122-面体链环（图 7-6）和 $I_h(3, 4)$-242-面体链环（图 7-7）。对于 $I_h(3, 0)$-122-面体链环，它的交叉点数 $N_R = 240$，分支数 $C_R = 42$，

由 12 个五元环和 30 个六元环组成。对于 $I_h(3, 4)$-182-面体链环，它的交叉点数 $N_S = 480$，分支数 $C_S = 122$，包含 12 个五元环、30 个六元环和 80 个三元环。

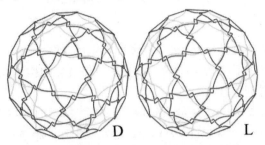

图 7-4　D 和 L 构型的 $I_h(3, 0)$-92-面体链环

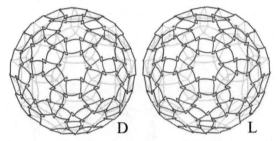

图 7-5　D 和 L 构型的 $I_h(3, 4)$-182-面体链环

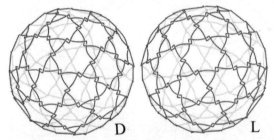

图 7-6　D 和 L 构型的 $I_h(3, 0)$-122-面体链环

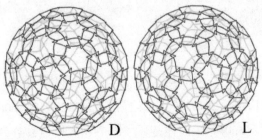

图 7-7　D 和 L 构型的 $I_h(3, 4)$-242-面体链环

7.4 第二类多面体链环

与第一类多面体链环不同, 第二类多面体链环是基于具有 I 对称性的 EGP, 这类多面体的 G 矢量满足 $0 < h < k$。这类多面体链环的构筑过程中对称性保持不变, 所以手性得到保持。

当 $G = (2, 1)$ 时, $F = 30(h^2 + hk + k^2) + 2 = 30(2^2 + 2 \times 1 + 1^2) + 2 = 212$ 或 $F = 60$ $(h^2 + hk + k^2) + 2 = 60(2^2 + 2 \times 1 + 2^2) + 2 = 422$, 得到的是 $I(3, 0)$-212-面体链环 (图 7-8) 和 $I(3, 4)$-422-面体链环 (图 7-9)。对于 $I(3, 0)$-212-面体链环, 它的分支数 $C_R = 10(2^2 + 2 \times 1 + 1^2) + 2 = 72$, 交叉点数 $N_R = 60(2^2 + 2 \times 1 + 1^2) = 420$。对于 $I(3, 4)$-422-面体链环, 它的分支数 $C_S = 30(2^2 + 2 \times 1 + 1^2) + 2 = 212$, 交叉点数 $N_S = 120(2^2 + 2 \times 1 + 1^2) = 840$。

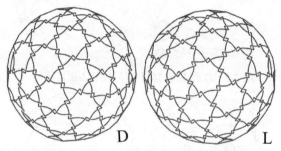

图 7-8 D 和 L 构型的 $I(3, 0)$-212-面体链环

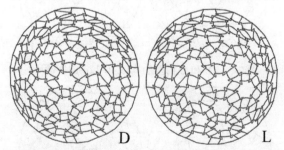

图 7-9 D 和 L 构型的 $I(3, 4)$-422-面体链环

当 $G = (3, 1)$ 时, $F = 30(3^2 + 3 \times 1 + 1^2) + 2 = 392$ 或 $F = 60(3^2 + 3 \times 1 + 1^2) + 2$ $= 782$, 得到的是 $I(3, 0)$-392-面体链环 (图 7-10) 和 $I(3, 4)$-782-面体链环 (图 7-11)。对于 $I_h(3, 0)$-392-面体链环, 它的交叉点数 $N_R = 780$, 分支数 $C_R = 132$,

由 12 个五元环、120 个六元环组成。对于 $I(3,4)$-782-面体链环，它的分支数交叉点数 $N_S=1560$，$C_S=392$，包含 12 个五元环、120 个六元环和 260 个三元环。这样，随着 G 矢量的增大，两类无穷连续的多面体链环将按照其环数和交叉点数的增长方式而不断地被构筑出来。

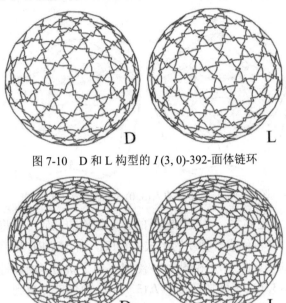

图 7-10　D 和 L 构型的 $I(3,0)$-392-面体链环

图 7-11　D 和 L 构型的 $I(3,4)$-782-面体链环

7.5　链环的拓扑变换

对于这些多面体链环的投影图，G 矢量只影响链环的分支数和交叉点数，而它们的刚性拓扑对称性 I 却保持不变，所以 I 是这些多面体链环的一个拓扑不变量。而缠绕数 $2n$ 是一个不同痕变量，如 $n=\pm2$ 时，用包含 4 个扭曲的缠绕覆盖多面体顶点，得到的链环就与用含有 2 个扭曲的缠绕构筑的链环不同痕，图 7-12 给出了两个例子。

随着扭曲数的增大，这种不同痕变换具有下面两个显著的特点：

（1）顶点处的 $2n$ 缠绕每次都增加 2 个相同构型的扭曲，这样顶点的构型将逐步地传递到边上，形成了 n 个双螺旋的构型。这种数学变换也在生物体中发现了，类似一个 DNA 链的重组过程。

（2）缠绕的外部空间 S^e 将逐步收缩，分布在三角形上的 S^e 转化成了具有三分支的顶点构型，分布在四边形上的 S^e 转化成了具有四分支的顶点构型。这些原本纯粹的数学结构，被 Seeman 等人用 DNA 双链合成，有着非常重要的应用价值。

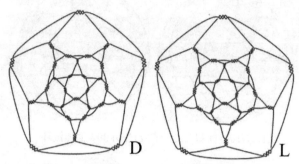

图 7-12　　$n = \pm 2$ 时的 $I_h(3, 0)$-32-面体链环平面图

这样，如果 n 足够大，多面体链环的骨架结构的几何形状将发生变形，具体地讲，REGPL 将转化成一种新的形式的 GPL，而 SEGRL 最后将转化成一种新的形式的 REGPL。图 7-13 和图 7-14 给出了两个新的多面体链环的结构，它们分别可以由 $I_h(3, 0)$-32-面体链环和 $I_h(3, 4)$-62-面体链环得到，链环在变换过程中一直保持 D 构型。值得注意的是，它们的结构与实验室中合成的 DNA 多面体索烃的结构非常相似[10]，意味着这种不同痕变换也许可以指导实验，提供一种新的合成路线，即由拓扑结构决定几何结构。

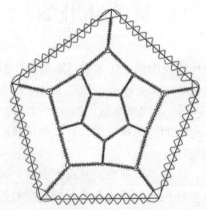

图 7-13　　由 $I_h(3, 0)$-32-面体链环拓扑转换得到的新的十二面体链环

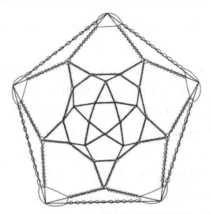

图 7-14　由 $I_h(3, 4)$-62-面体链环拓扑转换得到的新的 $I_h(3, 0)$-32-面体链环

参 考 文 献

[1] C. C. Adams, The Knot Book: An Elementary Introduction to the Mathematical Theory of Knots[M]. W. H. Freeman & Company, New York, 1994.

[2] J. P. Sauvage, C. Dietrich-Buckecker, Molecular Catenanes, Rotaxanes and Knots: A Journey through the World of Molecular Topology[M]. Wiley-VCH, New York, 1999.

[3] P. R. Cronwell, Knots and Links[M]. Cambridge University Press, Cambridge, 2004.

[4] J. S. Siegel, Chemical topology and interlocking molecules[J]. Science. 304 (2004): 1256-1258.

[5] S. Jablan, R. Sazdanović, LinKnot- Knot Theory by Computer[M]. World Scientific, Singapore, 2007.

[6] K. S. Chichak, S. J. Cantrill, A. R. Pease, S. -H. Chiu, G. W. V. Cave, J. L. Atwood, J. F. Stoddart, Molecular borromean rings[J]. Science. 304 (2004): 1308-1312.

[7] L. Wang, M. O. Vysotsky, A. Bogdan, M. Bolte, V. Böhmer, Multiple catenanes derived from calix [4] arenes[J]. Science. 304 (2004): 1312-1314.

[8] C. D. Pentecost, K. S. Chichak, A. J. Peters, G. W. Cave, S. J. Cantrill, J. F. Stoddart, A molecular solomon link[J]. Angew. Chem. Int. Ed. 119 (2007): 222-226.

[9] C. Dietrich-Buckecker, B. X. Colasson, J. P. Sauvage, Molecular knots. In Templates in Chemistry II [M]. Springer Berlin Heidelberg, Berlin, 2005, 261-283.

[10] R. P. Goodman, R. M. Berry, A. J. Turberfield, The single-step synthesis of a DNA tetrahedron[J]. Chem. Commun. 12 (2004): 1372-1373.

[11] C. M. Erben, R. P. Goodman, A. J. Turberfield, A self-assembled DNA bipyramid[J]. J. Am. Chem. Soc. 129 (2007): 6992-6993.

[12] J. H. Chen, N. C. Seeman, Synthesis from DNA of a molecule with the connectivity of a cube[J]. Nature. 350 (1991): 631-633.

[13] Y. Zhang, N. C. Seeman, Construction of a DNA-truncated octahedron[J]. J. Am. Chem. Soc. 116 (1994): 1661-1669.

[14] N. C. Seeman, Nucleic acid nanostructures and topology[J]. Angew. Chem. Int. Ed. 37 (1998): 3220-3238.

[15] N. C. Seeman, P. S. Lukeman, Nucleic acid nanostructures: Bottom-up control of geometry on the nanoscale[J]. Rep. Prog. Phys. 68 (2005): 237-270.

[16] F. A. Aldaye, H. F. Sleiman, Modular access to structurally switchable 3D discrete DNA assemblies[J]. J. Am. Chem. Soc. 129 (2007): 13376-13377.

[17] Y. He, T. Ye, M. Su, C. Zhang, A. E. Ribbe, W. Jiang, C. Mao, Hierarchical self-assembly of DNA into symmetric supramolecular polyhedra[J]. Nature. 452 (2008): 198-202.

[18] W. -Y. Qiu, H. -W. Xin, Molecular design and topological chirality of the Tq-Mobius ladders[J]. J. Mol. Struct. (THEOCHEM). 401 (1997): 151-156.

[19] W. -Y. Qiu, H. -W. Xin, Molecular design and tailor of the doubled knots[J]. J. Mol. Struct. (THEOCHEM). 397 (1997): 33-37.

[20] W. -Y. Qiu, H. -W. Xin, Topological structure of closed circular DNA[J]. J. Mol. Struct. (THEOCHEM). 428 (1998): 35-39.

[21] W. -Y. Qiu, H. -W. Xin, Topological chirality and achirality of DNA knots[J]. J. Mol. Struct. (THEOCHEM). 429 (1998): 81-86.

[22] W. -Y. Qiu, Knot theory, DNA topology, and molecular symmetry breaking, In Chemical Topology—Applications and Techniques, Mathematical Chemistry Series, Vol. 6 (Eds. D. Bonchev and D. H. Rouvray)[M]. Gordon and Breach Science Publishers, Amsterdam, 2000, 175-237.

[23] W. R. Wikoff, L. Liljas, R. L. Duda, H. Tsuruta, R. W. Hendrix, J. E.

Johnson, Topologically linked protein rings in the Bacteriophage HK97 Capsid[J]. Science. 289 (2000): 2129-2133.

[24] W. -Y. Qiu, X. -D. Zhai, Molecular design of Goldberg polyhedral links[J]. J. Mol. Struct. (THEOCHEM). 756 (2005): 163-166.

[25] Y. -M. Yang, W. -Y. Qiu, Molecular design and mathematical analysis of carbon nanotube links[J]. MATCH Commun. Math. Comput. Chem. 58 (2007): 635-646.

[26] S. Alvarez, Polyhedra in (inorganic) chemistry[J]. Dalton Trans. 13 (2005): 2209-2233.

[27] L. R. MacGillivray, J. L. Atwood, Structural classification and general principles for the design of spherical molecular hosts[J]. Angew. Chem. Int. Ed. 38 (1999): 1019-1034.

[28] M. Goldberg, A class of multi-symmetric polyhedra[J]. Tohoku Math. J. 43 (1937): 104-108.

[29] H. S. M. Coxeter, Virus macromolecules and geodesic domes, In A Spectrum of Mathematics (Ed. J. C. Butcher)[M]. Auckland University Press, Auckland, 1972, 98-107.

[30] D. L. D. Casper, A. Klug, Physical principles in the construction of regular viruses[J]. Cold Spring Harbor Symp. Quant. Biol. 17 (1962): 1-24.

[31] G. Hu, W. -Y. Qiu, Extended Goldberg polyhedra[J]. MATCH Commun. Math. Comput. Chem. 59 (2008): 585-594.

[32] R. B. King, The chirality of icosahedral fullerenes: A comparison of the Tripling (leapfrog), Quadrupling (chamfering), and Septupling (capra) transformations[J]. J. Math. Chem. 39 (2006): 597-604.

[33] Z. H. Zhou, M. Dougherty, J. Jakana, J. He, F. J. Rixon, W. Chiu, Seeing the Herpesvirus Capsid at 8.5 Angstrom[J]. Science. 288 (2000): 877-880.

[34] E. J. Mancini, M. Clarke, B. E. Gowen, T. Rutten, S. D. Fuller, Cryo-electron microscopy reveals the functional organization of an enveloped virus, Semliki Forest virus[J]. Mol. Cell. 5 (2000): 255-266.

[35] N. Q. Cheng, B. L. Trus, D. M. Belnap, W. W. Newcomb, J. C. Brown, A. C. Steven, Handedness of the herpes simplex virus vapsid and procapsid[J]. J. Virol. 76 (2002): 7855-7859.

[36] D. W. Sumners. Lifting the curtain: Using topology to probe the hidden action of enzymes[J]. MATCH Commun. Math. Comput. Chem. 34 (1996): 51-76.

[37] D. Buck, C. V. Marcotte, Tangle solutions for a family of DNA-rearranging proteins[J]. Math. Proc. Cambridge Philos. Soc. 139 (2005): 59-80.

[38] I. K. Darcy, Modeling protein-DNA complexes with tangles[J]. Comput. Math. Appl. 55 (2008): 924-937.

[39] C. Z. Liang, C. Cerf, K. Mislow, Specification of chirality for links and knots[J]. J. Math. Chem.19 (1996): 241-263.

第 8 章　奇数次缠绕的 Goldberg 多面体链环

本章扩展了利用纽结理论中的缠绕进行构建多面体链环的方法学。构建单元包括奇数次缠绕，它们指的是纽结投影图中一个包含 $2n+1$ 个扭曲的区域，其中 n 代表一个整数。将奇数次缠绕放置在 Goldberg 的全部顶点上，然后将它们连接在一起将会产生很多嵌套网络结构。关于 4-正则的 Goldberg 多面体的分支数算法也被提出。通过计算多面体中心回路的长度，可以得到它们相应多面体链环的分支数。同时基于这些拓扑模型研究了它们具有的一些潜在的生物和化学意义。

8.1　引　　言

近几十年来，自然界出现了许多奇异的新来者，它们的分子图不能完全转变到一个平面上[1-3]。DNA 和蛋白质分子足够大和具有柔韧性，使得它们可以形成一些复杂的打结和嵌套的拓扑结构。除了天然存在的分子索烃和纽结，一些更加有意思的嵌套 3-维结构也已成为化学合成中的一个挑战，且已被合成并用于 DNA 计算[4-12]。纽结理论[13, 14]是拓扑学的一个分支，它主要用于研究和定量图在空间中的构型，所以它也是处理这些拓扑非平凡实体的重要数学工具。由于纽结理论自身取得了大的发展，它在研究拓扑手性和设计新颖化学分子中有很大的应用[15-21]。由于化学家和数学家对这些令人惊讶的建筑的持续关注，本章致力于做出一点这方面的尝试。

在纽结理论中, 任何一个 4-正则平面图都可以看做一个交替纽结的投影图。Jablan[22]给出了纽结和富勒烯以及其他一些基本多面体之间的唯一的联系。然而，之前给出了 4-正则图及其对应的链环之间的关系不是一一对应的。将偶缠绕应用到 Goldberg 多面体上，一个多面体图会产生一系列无穷的链环[23]。这里，奇缠绕将会组装成一些更加复杂的打结网络。这个工作给出了考察多面体几何信息的一种新的思路，并且将用缠绕方法构筑多面体链环得到了延伸。

分支数是纽结和链环的一个基本的不变量。本章另外一个目的就是确定一个由 4-正则图得到的链环的分支数。多面体链环不仅仅是一个纯粹的数学意义上的概念，还给理解有机体中一些现象提供新的思路，包括分支数和病毒壳粒数，纽结的缠绕和病毒衣壳的交联之间的联系[24-27]。另外，希望这项工作能够刺激化学家们将目光投向更加复杂分子的设计和合成。

8.2　奇数次缠绕

本节将要讨论缠绕作为纽结和链环的构建基元的一些性质，同时给出了纽结理论中的一些术语的定义。

缠绕 A 链环投影图中的某个具有四分支{NW，NE，SW，SE}的局部，是纽结和链环投影图的一种基本的构建基元。一个具有 R 个有限左手扭曲的或者右手扭曲的缠绕叫做 R-缠绕或者-R-缠绕，R 是一个正整数且等价于交叉点数。所有的代数结和链环都可以由 R-缠绕通过一些操作得到，比如缠绕加和、乘法和闭合。由于缠绕和 DNA 双螺旋或者一些有机中间体之间存在着某些共同特征，即都具有两条链和扭曲结构，因而使得拓扑缠绕可以转化为化学中真正的分子。

奇缠绕 根据 R 为偶数或者奇数，缠绕可以分为两类。当 $R = |2n+1|$，其中 n 是整数，会得到一些奇缠绕。图 8-1 中就显示出了一些奇缠绕的例子。注意到奇缠绕作为构建基元，它具有不同于偶缠绕的一些特性。比如，一个偶缠绕的闭合操作会产生一些链环，而一个奇缠绕的闭合操作会得到一个纽结。

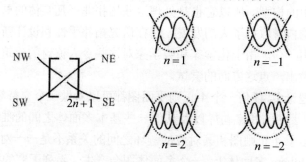

图 8-1　由 $2n+1$ 个半扭曲得到的奇数次缠绕

缠绕组合 缠绕组合是针对 4-正则平面图的一种新的缠绕操作[23]。它意味着用缠绕替代图的顶点，然后将沿着图的每条边将缠绕的两条弧连接起来

（图 8-2）。本章以下部分的目标就是确定由奇缠绕在 4-正则多面体图上进行组合操作后得到的链环的分支数。

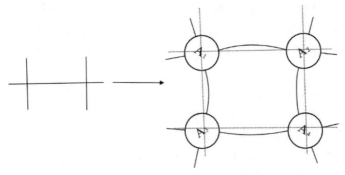

图 8-2　四价图上的缠绕组合操作

　　一个四价图指图中的所有顶点都是四价的。在所有的多面体图中，八面体是最小的四价图。使用奇数次缠绕取代 4-正则多面体图后很容易会得到一些交替链环。如图 8-3a 所示，将单位缠绕（1-缠绕）应用于八面体图上，会得到一个 borromean 环。如图 8-3b 所示，$2n+1$（$n > 0$）-缠绕应用于八面体图上，得到的结构就与 DNA borromean 环[28]的结构类似，唯一的区别就在于在 DNA borromean 环中内部的三个顶点和外部三个顶点处的缠绕中的扭曲方向相反。

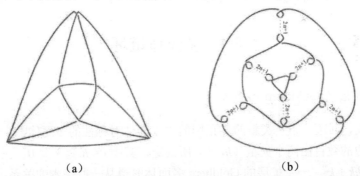

（a）　　　　　　　　　　　（b）

图 8-3　由（a）1 和（b）$2n+1$ 个缠绕替代八面体图的顶点得到的 borromean 环

8.3　分　支　算　法

定义 1. 对于一个 4-正则的多面体图 G，一个中心回路 CC 指的是一条没有重边的路径且每条边连接的边都是其对边[29, 30]。

　　奇数次缠绕应用到 4-正则的多面体图上会得到许多交替的多面体链环 L，它们的分支恰好就是多面体的中心回路。这样，每个顶点上分布着一个含有 $2n+1$ 个交叉点的缠绕，所以交叉点数 $C = (2n + 1) V$。但是，链环分支数的计数却比较复杂。此外，半扭曲数 n 可以是任意整数，所以一个多面体对应着很多的多面体链环。

　　然而，下面的算法解决了 4-正则多面体链环的分支数问题：从任何一条边上选一个点作为出发点，沿着指定的方向前进。每当到一个顶点，继续朝着它的对边前进。反复地利用这个规则直到回到起点，得到第一个中心回路，即 L 投影图的一个分支。随后，在另一条边上选择另一个起点，然后应用相同的算法直到历尽图中所有的边[13]。

　　定义 2　对于一个 4-正则的多面体图 G，中心回路的长度 Lc 指的是它包含边的数目，ave (Lc) 表示多面体中心回路的平均长度。

　　根据定义，中心回路刚好把多面体图 G 的每一条边经过一次，所以它对应的链环 L 的分支数 Nc 满足下面的关系式：

$$Nc = E / \text{ave}(Lc) = \sum \varepsilon \sum_i c_i / \sum_i Lc_i \qquad ①$$

其中 E 表示边的数目，c_i 表示第 i 条中心回路。

8.4　多面体链环

8.4.1　扩展的 Goldberg 多面体

　　首先，回顾一下一类新的 4-正则的二十面体对称性的多面体[31]，它们的顶点数和边的数目由两个矢量（h，k）所决定，其中 $0< h \geq k \geq 0$，三角剖分数 $T = h^2 + hk + k^2$。一个扩展的 Goldberg 多面体笼遵从一些基本的关系：

$$\sum dV_d = 2E , \quad 4V = 2 \qquad ②$$

$$\sum sf_s = 2E , \quad 3f_3 + 4f_4 + 5f_5 + 6f_6 = 2E \text{ 或 } 3f_3 + 5f_5 + 6f_6 = 2 \qquad ③$$

$$欧拉定理：V - E + F = 2 \qquad ④$$

　　其中 V_d 和 f_s 分别代表着 d-度顶点的个数和 s-度面的个数，并且 $d = 4$，$s \geq 3$。在本章中，集中考虑 (3, 4) -和 (3, 0)-Goldberg 多面体（图 8-4），即由 Goldberg

多面体通过添加三角形和四边形，或者只添加三角形面得到的多面体。

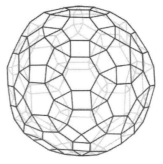

（a）I_h (3, 0)-92-面体　　　　　　　（b）I_h (3, 4)-182-面体

图 8-4　由 32 面体得到的扩展的 Goldberg 多面体

8.4.2　(3, 4)-扩展多面体链环

对于一个(3, 4)-扩展多面体链环，它的原始多面体是一个拉伸扩展的 Goldberg 多面体。这个多面体的顶点数 $V_s = 60(h^2 + hk + k^2)$，面数 $F_s = 60 (h^2 + hk + k^2) + 2$，三角剖分数 $T = h^2 + hk + k^2$。通过公式④，可以得到边数 $E_s = 120 (h^2 + hk + k^2) = 120T$。

在这类多面体中，存在着两种不同类型的中心回路。一种只包含五边形，另一种只包含六边形，分别定义为 5-回路和 6-回路。每个 5-回路（图 8-5a）穿过 5 个五边形和 5 个四边形，而且每个多边形对于回路长度的贡献值都是 1，所以 5-回路的长度 $L_5 = 10$。每个 6-回路（图 8-5b）穿过 6 个三角形和 6 个四边形，所以 5-回路的长度 $L_6 = 12$。此外，在一个多面体中都有 12 个五边形，所以六边形的数目为

$$F_s - 12 = 10 (h^2 + hk + k^2 - 1)。$$

这就意味着 5-回路和 6-回路的个数分别为 $N_5 = 12$ 和 $N_6 = 10 (T - 1)$。所以，拉伸扩展 Goldberg 多面体的 Lc 的平均长度 ave (Lc) 满足

$$\text{ave} (Lc) = L_5 \times N_5 + L_6 \times N_6 / N_5 + N_6$$
$$\text{ave} (Lc) = [12 \times 10 + 10 (T - 1) \times 12] / [10T + 2] = 60T / (5T + 1)$$

代入公式①可以得到(3, 4)-扩展多面体链环的分支数 Nc

$$Nc = 10T + 2$$

这些回路的总数，或者是分支数 $10T+2$ 是一系列奇特的数。注意到 Goldberg 多面体的面数是 $10T+2$，所以，球形病毒的衣壳数也等于这个数。长度为 10 的

5-回路和长度为 12 的 6-回路具有 C_5 和 C_3 对称性，也就是说这两种不同的回路也许可以分别表示病毒衣壳的五聚体和六聚体。更要注意到这些回路具有一些特殊的性质，比如相邻回路之间由于存在重叠的区域而相互交联的现象也许会出现在一些复杂的病毒衣壳当中[32]。

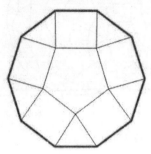 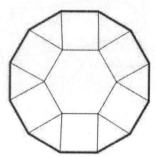

（a）一个长度为 10 的 5-回路   （b）一个长度为 12 的 6-回路

图 8-5   多面体的中心回路

如果 $(h, k) = (1, 0)$，$T = 1$，利用奇缠绕去覆盖 $I_h (3, 4)$-182-面体的 60 个顶点，接着连接它们会产生一系列含有 $60(2n+1)$ 的交叉点和 12 个分支的嵌套网络结构。当 $n = 0$，如图 8-6a，每个多面体的顶点转化为多面体链环的交叉点。每个长度为 10 的回路转化为一个含有原始多面体五边形面的分支，注意到最外面回路上五边形分布在背面。此外，任何一组两个相邻的中心回路通过 Hopf 环相互嵌套，即没有任何一对环能够不切开而分离。当 $n = 1$，如图 8-6b，任何两个分支的环都是以形成 4_2^1 链环的形式组合起来。

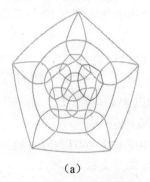 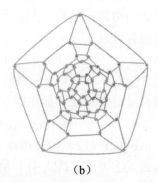

（a）   （b）

图 8-6   由 1 和 3-缠绕生成的 $I(3, 4)$-182-面体链环

如果 $(h, k) = (1, 1)$，$T = 3$，利用奇数次缠绕去覆盖 $I_h (3, 4)$-242-面体的 180

个顶点，然后连接得到一系列含有 180(2n+1)顶点和 32 个分支的嵌套网络。此外，任何一组两个相邻的中心回路通过一个含有 4n+2 个交叉点的链环相互嵌套在一起，所以这个子链环的环绕数的绝对值为 2n+1。图 8-7 表示 n = 1 时的第二个例子。

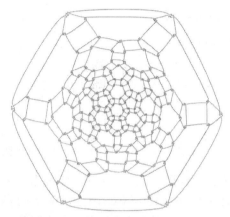

图 8-7　3-缠绕覆盖的 I (3, 4)-242-面体链环

8.4.3　(3, 0)-扩展多面体链环

对于一个(3，0)-扩展多面体链环，它的原始多面体是一个旋转扩展的 Goldberg 多面体。这个多面体的顶点数 $V_R = 30\,(h^2 + hk + k^2)$，面数 $F_R = 30(h^2 + hk + k^2) + 2$，三角剖分数 $T = h^2 + hk + k^2$。通过公式④，可以得到边数 $Es = 120\,(h^2 + hk + k^2) = 60T$。

对于每个多面体，所有的中心回路都具有相同的长度；这就意味着中心回路的长度是这类多面体的一个不变量。考虑到用一个环去切割多面体的表面，每个中心回路会将 12 个五边形划分为相同的两块，5 个在内部，5 个在外部。

当 $T = 1$，得到 I_h (3, 0)-92-面体。每个中心回路都才穿过 5 个五边形，剩下的五边形位于中心回路的中间位置，对于回路的长度没有贡献。此外，对于每个中心回路，两个五边形之间分布着一个三角形，所以每个回路还包含着 5 个三角形，它们的中心回路长度是 10。利用上述的方法，会得到一个具有 30(2n+1) 个交叉点和 60 / 10 = 6 个分支的链环。其中，n = 0 和 1 时的情况在图 8-8 中可以看出。每个环都会和其他环形成一个紧密嵌套的网络，随着 T 值的增大，环的长度也会增大。对于所有的扩展 Goldberg 多面体，它们环的数目的计算变得复杂。然而对于下面两种特殊的情况，通过讨论中心回路的情况可以得到分支数。我们给出了一些例子，用于阐述关于计算分支数的方法和算法。

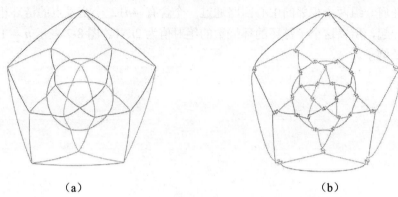

（a）　　　　　　　　　　　　　　　（b）

图 8-8　1-和 3-缠绕覆盖的 I (3, 0)-92-多面体链环

在第一类多面体中，根据公式③，面数 $F_n = f_5 + f_6 + f_3 = 12 + 10(a^2 + 2a) + 20(a+1)^2$，边数 $E = [5 \times 12 + 6 \times 10(a^2 + 2a) + 3 \times 20(a+1)^2] / 2 = 60 (a+1)^2$；根据公式②，顶点数 $V = 30 (a+1)^2$，其中 a 是一个自然数。这种情况下，每个中心回路穿过 5 个五边形、5a 个六边形和 5(a+1)个三角形。所以，中心回路的平均长度就是 10(a+1)，分支数 $Nc = 60 (a+1)^2 / 10(a+1) = 6(a+1)$。

如果 $a = 1$，利用奇缠绕去覆盖 I_h (3, 0)-122-面体的 120 个顶点，然后连接起来会得到一系列包含 120(2n+1)个交叉点的嵌套的网络结构。得益于回路长度的不变性，要计算链环的分支数，只需计算任何一条中心回路的长度。图 8-9（a）所示的就是以中心回路为边界的多面体图的补丁结构。每个回路中，五边形和六边形都出现 5 次，三角形出现 10 次，所以它的长度为 20。此外，它的分支数是 12，并且每对相邻的环形成的链环的环绕数为 2n+1。如图 8-10 所示为 $n = 1$ 时的一个例子。

在第二类多面体中，它的面数 $F_n = f_5 + f_6 + f_3 = 12 + 10(a^2 + a) + 20(a^2 + a + 1)$，边数 $E = 60 (a^2 + a + 1)$，顶点数 $V = 30 (a^2 + a + 1)$。这种情形下，每个中心回路穿过 3 个五边形、3(a+1)个六边形和 3(a+2)三角形。所以，它的平均长度为 6(a+2)，从而分支数 $Nc = 10(a^2 + a + 1) / (a + 2)$。 如果 $a = 1$，利用奇缠绕去覆盖 I_h (3, 0)-92-面体的 90 个顶点，然后连接起来会得到一系列包含 90(2n+1)个交叉点的嵌套的网络结构。中心回路的长度是 18，它穿过 3 个五边形、6 个六边形和 9 个三角形（图 8-9b）。所以，它的分支数是 10 并且每对相邻的环形成的链环的环绕数也为 2n+1。如图 8-11 所示为 $n = 1$ 时的一个例子。

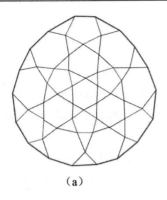 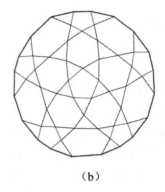

（a）   （b）

图 8-9   中心回路作为边界的两种补丁

（a）$I(3, 0)$-122-面体的一个补丁，它的边界是 5 个六边形、5 个五边形和 10 个三角形。

（b）$I(3, 0)$-92-面体的一个补丁，它的边界是 6 个六边形、3 个五边形和 9 个三角形。

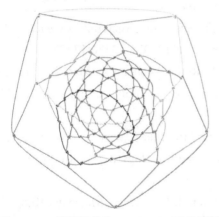 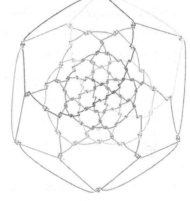

图 8-10   3-缠绕覆盖的 $I(3, 0)$-122-面体链环   图 8-11   3-缠绕覆盖的 $I(3, 0)$-92-面体链环

参 考 文 献

[1] C. Z. Liang, K. Mislow, Knots in proteins[J]. J. Am. Chem. Soc. 116 (1994): 11189-11190.

[2] D. W. Sumners, Lifting the curtain: Using topology to probe the hidden action of enzymes[J]. MATCH Commun. Math. Comput. Chem. 34 (1996): 51-76.

[3] E. Flapan, Knots and graphs in chemistry[J]. Chaos. Soliton. Fract. 9 (1998):

547-560.

[4] N. Jonoska, S. A. Karl, M. Saito, Three dimensional DNA structures in computing[J]. Biosystems. 52 (1999): 143-153.

[5] P. Sa-Ardyen, N. Jonoska, N. C. Seeman, Self-assembling DNA graphs. In DNA Computing, DNA8, LNCS 2568 (Eds. M. Hagiya and A. Ohuchi) [M]. Springer Berlin Heidelberg, Berlin, 2003, 1-9.

[6] C. D. Pentecost, K. S. Chichak, A. J. Peters, G. W. Cave, S. J. Cantrill, J. F. Stoddart, A molecular solomon link[J]. Angew. Chem. Int. Ed. 119 (2007): 222-226.

[7] C. M. Erben, R. P. Goodman, A. J. Turberfield, A self-assembled DNA bipyramid[J]. J. Am. Chem. Soc.129 (2007): 6992-6993.

[8] N. C. Seeman, P. S. Lukeman, Nucleic acid nanostructures: Bottom-up control of geometry on the nanoscale[J]. Rep. Prog. Phys. 68 (2005): 237-270.

[9] F. A. Aldaye, H. F. Sleiman, Modular access to structurally switchable 3D discrete DNA assemblies[J]. J. Am. Chem. Soc. 129 (2007): 13376-13377.

[10] Y. He, T. Ye, M. Su, C. Zhang, A. E. Ribbe, W. Jiang, C. Mao, Hierarchical self-assembly of DNA into symmetric supramolecular polyhedra[J]. Nature. 452 (2008): 198-202.

[11] J. P. Sauvage, C. Dietrich-Buckecker, Molecular Catenanes, Rotaxanes and Knots: A Journey through the World of Molecular Topology[M], Wiley-VCH, New York, 1999.

[12] C. Dietrich-Buckecker, B. X. Colasson, J. P. Sauvage, Molecular Knots. In Templates in Chemistry II [M]. Springer Berlin Heidelberg, Berlin, 2005, 261-283.

[13] S. Jablan, R. Sazdanović, LinKnot-Knot Theory by Computer[M]. World Scientific, Singapore, 2007.

[14] C. C. Adams, The Knot Book: An Elementary Introduction to the Mathematical Theory of Knots[M]. W. H. Freeman & Company, New York, 1994.

[15] W. -Y. Qiu, Knot theory, DNA topology, and molecular symmetry breaking, In Chemical Topology—Applications and Techniques, Mathematical Chemistry Series, Vol. 6 (Eds. D. Bonchev and D. H. Rouvray)[M]. Gordon and Breach Science Publishers, Amsterdam, 2000, 175-237.

[16] W. -Y. Qiu, H. -W. Xin, Molecular design and topological chirality of the

Tq-Mobius ladders[J]. J. Mol. Struct. (THEOCHEM). 401 (1997): 151-156.

[17] W. -Y. Qiu, H. -W. Xin, Molecular design and tailor of the doubled knots[J]. J. Mol. Struct. (THEOCHEM). 397 (1997): 33-37.

[18] W. -Y. Qiu, H. -W. Xin, Topological structure of closed circular DNA[J]. J. Mol. Struct. (THEOCHEM). 428 (1998): 35-39.

[19] W. -Y. Qiu, H. -W. Xin, Topological chirality and achirality of DNA knots[J]. J. Mol. Struct. (THEOCHEM). 429 (1998): 81-86.

[20] W. -Y. Qiu, X. -D. Zhai, Molecular design of Goldberg polyhedral links[J]. J. Mol. Struct. (THEOCHEM). 756 (2005): 163-166.

[21] Y. -M. Yang, W. -Y. Qiu, Molecular design and mathematical analysis of carbon nanotube links[J]. MATCH Commun. Math. Comput. Chem. 58 (2007): 635-646.

[22] S. Jablan, Geometry of Fullerenes, http://www.mi.sanu.ac.yu/~jablans/ful.htm#cont

[23] G. Hu, W. -Y. Qiu, Extended Goldberg polyhedral links with even tangles[J]. MATCH Commun. Math. Comput. Chem. 61 (2009): 737-752.

[24] M. Goldberg, A class of multi-Symmetric Polyhedra[J]. Tohoku Math. J. 43 (1937): 104-108.

[25] H. S. M. Coxeter, Virus macromolecules and geodesic domes, In A Spectrum of Mathematics (Ed. J. C. Butcher)[M]. Auckland University Press, Auckland, 1972, 98-107.

[26] D. L. D. Casper, A. Klug, Physical principles in the construction of regular viruses[J]. Cold Spring Harbor Symp. Quant. Biol. 17 (1962): 1-24.

[27] W. R. Wikoff, L. Liljas, R. L. Duda, H. Tsuruta, R. W. Hendrix, J. E. Johnson, Topologically linked protein rings in the Bacteriophage HK97 Capsid[J]. Science. 289 (2000): 2129-2133.

[28] C. Mao, W. Q. Sun, N. C. Seeman, Assembly of borromean rings from DNA[J]. Nature. 386 (1997): 137-138.

[29] M. Dutour, M. Deza, Goldberg-Coxeter construction for 3-and 4-valent plane graphs[J]. Electron. J. Comb. 11 (2004): R20.

[30] M. Deza, M. Dutour, P. W. Fowler, Zigzags, railroads, and knots in

fullerenes[J]. J. Chem. Inf. Comput. Sci. 44 (2004): 1282-1293.

[31] G. Hu, W. -Y. Qiu, Extended Goldberg polyhedra[J]. MATCH Commun. Math. Comput. Chem. 59 (2008): 585-594.

[32] J. R. Caston, B. L. Trus, F. P. Booy, R. B. Wickner, J. S. Wall, A. C. Steven, Structure of L-A virus: A specialized compartment for the transcription and replication of double-stranded RNA[J]. J. Biochem.138 (1997): 975-985.

第9章 Goldberg 多面体的拓扑变换

在本章中介绍两种组合操作和一种纽结理论的方法去生成和描述富勒烯结构-Goldberg 多面体。"球面旋转-顶点分叉"操作应用到原始富勒烯上会产生 leapfrog 富勒烯。然而，"球面拉伸-顶点分叉"操作应用到富勒烯上产生的多面体会超出富勒烯的范围。这些在碳化学中有着潜在应用的立方铺砌的笼状结构，不仅包含五边形和六边形，还包含着三角形和八边形。使用一个基于纽结理论的简单算法，这两类同源的分子平面图可以转化成不同的多面体链环结构。对于这些嵌套的建筑体，也许可以用纽结不变量去定量化它们的性质。通过考察它们的应用，建立了一些联系：① 纽结多项式和富勒烯异构体的判定，② 纽结亏格和富勒烯的复杂性，③ unknotting 数和富勒烯的稳定性。研究结果表明纽结理论中的一些方法在预测富勒烯多面体的结构和化学性质时不仅具有潜在的应用价值，还提供一些新奇的思路。

9.1 引　言

富勒烯多面体，或者叫 Goldberg 多面体，是在金刚石和石墨之后，在 1985 年发现的一类球状的碳的同素异构体[1]。在数学方面，一个富勒烯图是个可平面的、三正则和三连通的图，其中有 12 个五边形的面，剩余的面都是六边形。对富勒烯日益增加的兴趣不仅因为它在化学、物理和材料科学中的应用，还因为它们迷人和高对称性的拓扑结构[2-6]。为了这个目的，研究富勒烯的转变机制是非常有用的，比如异构化过程中的 Stone-Wales (SW) 重排[7] 和生长过程中 Endo-Kroto C_2 插入[8]。这两种机制都可以用补丁置换[9, 10]这样一种理论方法解释。推而广之，一些复杂的操作[2, 11]更加重要和有趣，比如 leapfrog、chamfering 和 capra 操作。

然而，这些操作的产物不仅只有富勒烯，还包括一些含有其他大小的面的相关多面体结构。Diudea 及其合作者[12-15] 表明利用图操作和 SW 异构化可以生成各种各样的纳米结构，包含着四边形和八边形。2000 年，Friedrichs 和 Deza[16]

提出了另外一种方法——装饰操作，可以生成好几类二十面体对称性的类富勒烯。类富勒烯[17]也许是最著名的类似富勒烯结构的三度多面体，它含有五边形或者更大度数的面。尽管已经取得了这些成就，如何设计碳笼结构仍然是一个具有吸引力的研究目标，特别是在理论化学和数学化学中。

利用数学知识去研究富勒烯的结构性质是另外一个值得关注的研究领域，并且是一个特别值得鼓励和期待成熟的发展领域。1995 年，Fowler 和 Manolopoulos [18]为富勒烯绘制了一个图集，从中可以得出有关富勒烯的数学包括：① 用拓扑方法探究电子结构和稳定性，② 用群论去获取对称性信息和区别异构体，③ 图论为富勒烯结构的编码和命名提供了拓扑参数，④ 用几何学去研究三维空间样式和结构信息。关于具体的应用可以参考文献[19-21]。

本章主要包含两部分的内容。最近基于二十面体富勒烯-Goldberg 多面体，提出了两类操作[22-24]。在这些操作的基础上，第一部分提出了两种组合操作以及它们如何应用到任何对称性的富勒烯上。此外，第二部分介绍了一种源自纽结理论的简单方法，它可以很容易地将富勒烯图转化为相应的多面体链环。在这一部分还介绍了如何将描述多面体链环的纽结理论概念同关于富勒烯图的已知数学知识联系起来，特别关注的是纽结不变量在研究富勒烯结构和化学性质中的潜在应用。这项研究成果也阐述了一种新的描述多面体分子拓扑性质的新观点[25-27]。

首先介绍一些在本章中会用到的一些重要定义。定义在富勒烯上添加三角形生成的是(3, 0)-富勒烯，添加三角形和四边形的是(3, 4)-富勒烯，添加三角形和八边形的是(3, 8)-富勒烯。

9.2　Leapfrog 富勒烯和 (3, 8)-富勒烯

本节将揭示如何将三种基本操作组合成两种新的组合操作，并讨论它们如何生成 leapfrog 富勒烯和(3, 8)-富勒烯。

9.2.1　基本操作

首先回顾一下多面体的两种基本操作"球面旋转"和"球面拉伸"。球面旋转(SR)描述的是在球面上旋转多边形的变形过程，这一过程导入了一个三角形去覆盖原始多面体的顶点，而球面拉伸(SS)描述的是在球面上拉伸多边形之间

距离的变形过程，它分别导入了三角形和四边形去覆盖顶点和边。这样就会得到四度的多面体，它们的转化矩阵 M_{SR} 和 M_{SS} 为

$$\begin{pmatrix} v' \\ e' \\ f' \end{pmatrix} = M \begin{pmatrix} v \\ e \\ f \end{pmatrix}, \quad M_{SR} = \begin{pmatrix} 0 & 1 & 0 \\ 3 & 0 & 0 \\ 1 & 0 & 1 \end{pmatrix}, \quad M_{SS} = \begin{pmatrix} 3 & 0 & 0 \\ 3 & 2 & 0 \\ 1 & 1 & 1 \end{pmatrix}$$

其中 v、e 和 f 分别代表顶点、边和面的个数。

现在介绍由 Jablan[28]提出的另外一种基本操作——顶点分叉。这个操作利用双边去覆盖四度图的顶点。接下来，将顶点分叉(VB)应用到有上述方法得到的四度富勒烯上。如图 9-1 所示，注意到用双边替代时有两种选择。为了生成新的五边形和六边形，限制双边必须跨越原来的五边形和六边形。因而，在原来的边上插入了顶点，每两个新的顶点都被一条新的边连起来从而得到一个新的面。这个操作可能在化学中被实现是因为它类似于 C_2 插入[8]，它的转化矩阵为 M_{VB}：

$$M_{VB} = \begin{pmatrix} 2 & 0 & 0 \\ 1 & 1 & 0 \\ 0 & 0 & 1 \end{pmatrix}$$

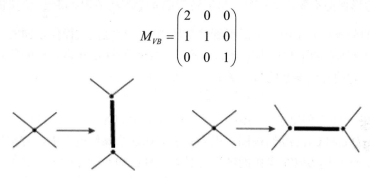

图 9-1　顶点分叉操作的两种方式（粗线表示双边）

9.2.2　球面旋转-顶点分叉

球面旋转-顶点分叉($SRVB$)指的是将 SR 和 VB 操作组合起来的一个转化过程。首先，应用 SR 操作到富勒烯图上，在原始富勒烯图 G 的顶点处添加三角形，这样会得到许多 4-正则的扩展(3, 0)-富勒烯图 G'。然后，将它们的顶点用双边取代，会得到更大的富勒烯图 G''。对于这个操作，可以推导出它的转化矩阵为 M_{SRVB}

$$M_{SRVB} = M_{VB}M_{SR} = \begin{pmatrix} 0 & 2 & 0 \\ 3 & 1 & 0 \\ 1 & 0 & 1 \end{pmatrix}$$

SRVB 转化包含三个步骤：

（1）从开始的富勒烯图 C_n 出发，它的几何参数满足：

$$v, e, f = f_5 + f_6$$

其中 $f_5 = 12$，$f_6 = \dfrac{n}{2} - 10$，f_i 表示 i-度面的个数。

（2）在所有顶点处添加 n 个三角形，会得到一个含有 $\dfrac{3n}{2}$ 个四价顶点的(3, 0)-富勒烯图。对于这个中间体，顶点的数目 v' 等于原来边的数目 e；边的数目 e' 是原来边的数目的两倍；而面的数目 f' 等于原来面的数目 f 和原来顶点的数目 v 之和。所以，几何参数的变化可以表示为

$$v' = e, \ e' = 2e, \ f' = v + f$$

（3）最后，用 $\dfrac{3n}{2}$ 条双边去覆盖四度的顶点，这样原来的 12 个五边形和 f_6 个六边形保持不变，而 n 个三角形转变成 n 个苯环结构。这 $\dfrac{3n}{2}$ 个覆盖的双边就交替的分布在 n 个由三角形得到的苯环当中。经过这次操作，面的个数保持不变，但是顶点的个数变为原来的两倍，边的个数是(3, 0)-富勒烯的顶点数和边数之和。它的几何参数的转化关系可以表示为

$$v'' = 2v', \ e'' = v' + e', \ f'' = f'$$

例如，图 9-2 列出了分别由 C_{20} (I_h)，C_{24} (D_{6h})和 C_{28} (T_d) 通过操作得到的 C_{60} (I_h)，C_{72} (D_{6h})和 C_{84} (T_d)结构图。很容易看出在这个操作过程中，对称性始终是保持的。注意到 *SRVB* 操作的结果与另外一种已知的 leapfrog 转变是相同的。Leapfrog 操作可以由不同的的简单操作的组合得到：对偶图的顶点切割或者对戴帽图做对偶操作。所以，*SRVB* 操作应用到富勒烯上可以得到 leapfrog 富勒烯，它填充的六边形可以将五边形相互分离开。

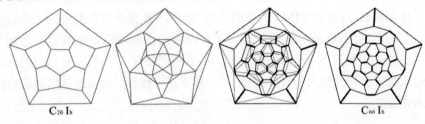

$C_{20}\ I_h$　　　　　　　　　　　　　　　$C_{60}\ I_h$

（a）

图 9-2　应用 SRVB 操作于 C_{20}、C_{24} 和 C_{28} 富勒烯图

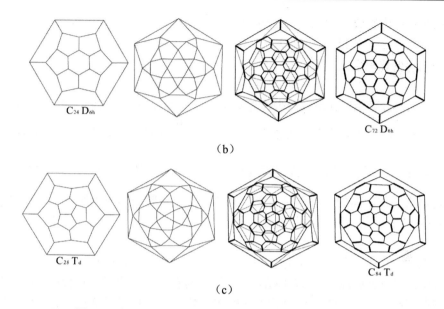

图 9-2　应用 SRVB 操作于 C_{20}、C_{24} 和 C_{28} 富勒烯图（续）

9.2.3　球面拉伸-顶点分叉

与 $SRVB$ 操作类似，球面拉伸-顶点分叉($SSVB$) 指的是将 SS 和 VB 操作组合起来的一个转化过程。首先，应用 SS 操作到富勒烯图上，在原始富勒烯图 G 的顶点处和边之间添加三角形和四边形，这样会得到许多 4-正则的扩展(3, 4)-富勒烯图 G'。然后，将它们的顶点用双边取代，会得到一类具有新颖铺砌结构的富勒烯图 G''。对于这个操作，可以推导出它的转化矩阵为 M_{SSVB}

$$M_{SSVB} = M_{VB}M_{SS} = \begin{pmatrix} 6 & 0 & 0 \\ 6 & 2 & 0 \\ 1 & 1 & 1 \end{pmatrix}$$

$SSVB$ 转化同样也包含三个步骤。

（1）从初始的富勒烯图 C_n 出发，它的几何参数满足：
$$v, e, f = f_5 + f_6$$

其中 $f_5 = 12$，$f_6 = \dfrac{n}{2} - 10$，f_i 表示 i-度面的个数。

（2）在所有顶点和边处添加 n 个三角形和 $\dfrac{3n}{2}$ 个四边形，会得到一个含有 $3n$ 个四价顶点的 (3, 4)-富勒烯图。对于这个中间体，顶点的数目 v' 为原来顶点数的 3 倍；边的数目 e' 是原来边的数目的两倍值再加上顶点数 v'；而面的数目 f' 等于原来面的数目 f、原来顶点的数目 v 和原来的变数 e 三者之和。所以，几何参数的变化可以表示为

$$v' = 3v, \quad e' = 3v + 2e, \quad f' = v + e + f$$

（3）最后，用 $3n$ 条双边去覆盖新生成的四度顶点，这样原来的 12 个五边形、f_6 个六边形和 n 个三角形都保持不变，而 $\dfrac{3n}{2}$ 个四边形转变成 $\dfrac{3n}{2}$ 个[8]环烯结构。这 $3n$ 个覆盖的双边就交替地分布在 $\dfrac{3n}{2}$ 个由四边形得到的[8]环烯当中。

经过这次操作，面的个数保持不变，但是顶点的个数变为原来的两倍，边的个数是(3,4)-富勒烯的顶点数和边数之和。它的几何参数的转化关系可以表示为

$$v'' = 2v', \quad e'' = v' + e', \quad f'' = f'$$

例如，图 9-3 列出了分别由 C_{20} (I_h)、C_{24} (D_{6h}) 和 C_{28} (T_d) 通过操作得到的 C_{120} (I_h)、C_{142} (D_{6h}) 和 C_{168} (T_d) 结构图。很容易看出在这个操作过程中，对称性始终是保持的。这些新颖的操作产生的碳笼分子已经超出了富勒烯的范畴，目前还没有直接的化学相关性。然而，它们在数学方面有着一定的意义，尤其在三价多面体的构建和计数方面。把这类多面体叫做(3,8)-富勒烯，因为它不仅保留了原来的五边形和六边形，还引入了三角形和八边形。其中一个例子如图 9-4 所示。

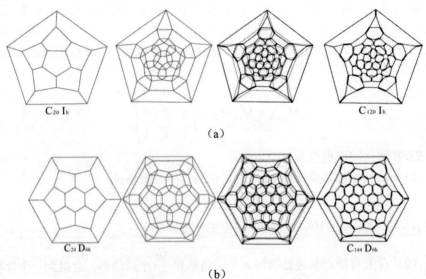

（a）

（b）

图 9-3　应用 SSVB 操作于 C_{20}、C_{24} 和 C_{28} 富勒烯图

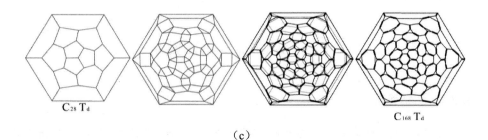

C₂₈ Tᵈ　　　　　　　　　　　　　　C₁₆₈ Tᵈ

（c）

图 9-3　应用 SSVB 操作于 C_{20}、C_{24} 和 C_{28} 富勒烯图（续）

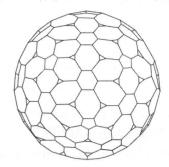

图 9-4　由 C_{60} 通过 *SSVB* 操作生产$(3, 8)$–富勒烯

对于一个假设的几何结构，欧拉公式是检验它是否存在的一个必要条件，它可以推导出以下的一些关系式：

$$3f_3 + 2f_4 + f_5 = 12(1-g) + \sum_{i \geqslant 7}(i-6)f_i$$

其中 f_i 代表 i-边形面的个数，g 表示着图的亏格数。对于一个 $(3, 8)$-富勒烯 C_n，它的 $f_3 = \dfrac{n}{6}$，$f_4 = 0$，$f_5 = 12$，$f_8 = \dfrac{n}{4}$，以及 $i = 8$，所以可以得到 $g = 0$，即$(3, 8)$-富勒烯是一个闭合的球。由于三角形面的存在，它补偿了由八边形面带来的负曲率。有两种可能的原因会导致产生这两种面。一个原因是 Fuller 在构筑最初的圆穹顶时采用的就是三角形面；另一个原因是八边形可以保持碳原子的 sp² 杂化的性质。虽然有这些可能性，$(3, 8)$-富勒烯的化学意义以及 Kekulé 计数都需要进一步的研究。特别地，这些新奇结构的 I_h 和 I 分子图在建筑学上是最简单的，它们可以用 Goldberg 矢量(h, k)进行描述。顶点计数为

$$n = 40(h^2 + hk + k^2)$$

其中整数满足：$0 \leqslant k \leqslant h$，$h \geqslant 0$。

9.3 富勒烯多面体链环

9.3.1 纽结算法

在数学上，所有的富勒烯和相关的(3, 8) –富勒烯图都是可以嵌入球面的立方 (3-正则)图。但是在每个顶点处都连接着一条双边，所以作为化学实体它们都是 4-价的。在纽结理论里 [28, 29]，任何一个四价的平面图都可以被看出是一个交替链环的投影图。因此，可以提出一个生成纽结的算法，它具有两个步骤。一个双边的集合对应于一个完美匹配或者是化学中的凯库勒 (KS) 结构。第一步，一条双边转化为一条双线。第二步，两个相关的顶点转化为一对交替的交叉点，其中一个为上交叉，另一个为下交叉，反之亦然。结果，富勒烯图的一个顶点变成了一个交叉点，边变成了一些支撑多面体链环框架的曲线。虽然一个富勒烯图可以生产两个互成镜像的多面体链环,考虑其中一种构型已经足够，因为手性对于 KS 结构没有任何影响。所以，在每个 KS 结构和一个多面体链环之间的关系是一一对应的。为了进一步阐释我们的思路，图 9-5 列出了一些例子，将纽结算法应用到 C_{20}、C_{24} 和 C_{28} 的一个凯库勒结构上后，会分别得到一个纽结、一个三分支的链环和一个两分支的链环。

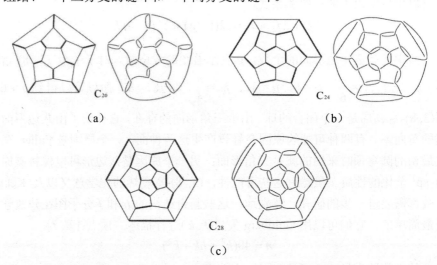

(a)   (b)

(c)

图 9-5   纽结算法应用到 C_{20}、C_{24} 和 C_{28} 的一个凯库勒结构上后得到（a）一个纽结，
（b）一个三分支的链环和（c）一个两分支的链环。

　　此外，进一步考察由 leapfrog 富勒烯和 (3, 8)- 富勒烯通过纽结算法会生成什么样的拓扑结构。一个 leapfrog 富勒烯具有许多值得注意的性质。例如，它最少包含了 $2^{v/8}$ 个不同的 KS [30]。所以当一个 leapfrog 富勒烯转变成一个交替多面体链环的投影图时，至少会对应 $2^{v/8}$ 个链环。在这一系列的富勒烯中，五边形被六边形隔离开来，而且双边都是分布在六边形中。由于这些性质使得它们对应的链环是由六元环相互嵌套起来的结构，如图 9-6 所示这些结构与动基体 DNA[31]的复杂形式类似。在(3, 8)-富勒烯中，凯库勒结构中的双边在八边形中平均分布，所以利用纽结算法也能生产相应的多面体链环。一个(3, 8)-富勒烯没有相邻的三角形、五边形和六边形，它可以转变成一个类似于盔甲的网络结构。如图 9-6b 所示，它仅是由一些八元环相互嵌套而成。

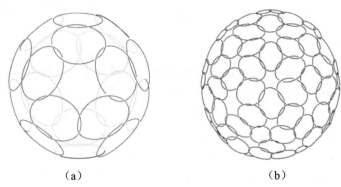

（a）　　　　　　　　　　　　　（b）

图 9-6　（a）由最小的 leapfrog 富勒烯 C_{60} 和（b）其相关 C_{360} 笼生产的富勒烯多面体链环

9.3.2　一些化学应用

　　利用上述的交替链环图和富勒烯的四正则图之间的联系，可以非常清楚地知道富勒烯图可以转变为空间拓扑非平凡且环环嵌套的多面体链环结构。对于这样的结构，利用拓扑方法有希望去获得化学信息。纽结理论作为拓扑学的一个分支，是描述和比较非平凡分子不同构型的一个有效的工具[32-34]。然而，自从 Jablan 第一次提出（http://members.tripod.com/~modularity/ful.htm#cont），纽结理论在富勒烯中的研究仍然是一个新生的领域。就目前所知，这方面的工作只发现两篇已出版的文献[35, 36]。

　　这里仅略述一下研究策略和纽结不变量在三个方面的初步应用。这些应用显然不是很清晰，所以本章还需要进一步探究。也希望科学家们能多多注意这一新生的研究领域。此外，研究一些具体例子也许能使得这里的方法阐述得更加清楚。图 9-7 列出了 C_{20} 十二面体两个不同凯库勒结构对应的纽结。为了计算链环的纽结不变量，首先给每个分支赋予相同的走向。

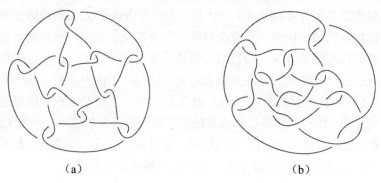

（a）　　　　　　　　　　　　　　　　（b）

图 9-7　C_{20} 十二面体不同凯库勒结构对应的两个纽结

（1）富勒烯异构体的判定。虽然存在一些方法比如 SW 重排[18]，列举一个富勒烯的所有异构体至今仍是一个尚未解决的数学难题。如果将富勒烯图转化为多面体链环，这就产生了一个在纽结理论中的基本问题：链环的识别。为了解决这个问题，数学家们已经发展出了许多优美和强大的纽结多项式[29]。例如，HOMFLY 多项式、Alexander 多项式和 Jones 多项式都能够区分不同的链环而指示相应富勒烯的结构。对于多面体链环，这些不变量是一些有效的工具，因为如果一个有向链环与另一个同痕，那么它们的值保持不变。对于一些早期的工作，可以参看文献[28]。迄今为止，有许多计算机程序可以去计算所有的链环多项式。

为了区分图 9-7 所示的纽结，我们使用 Kodama 开发出来的"KNOT"程序去计算。根据其计算能力，计算的是含有一个变量的 HOMFLY 多项式。通过计算，图 9-7（a）所示的纽结的 HOMFLY 多项式满足

$$v^{-10} - 5v^{-6} + 10v^{-4} - 10v^{-2} + 9 - 10v^4 - 5v^6 + v^{10}$$

而图 9-7（b）所示的纽结的 HOMFLY 多项式满足

$$v^{-10} - 4v^{-6} + 6v^{-4} - 2v^{-2} - 1 - 2v^2 + 6v^4 - 4v^6 + v^{10}$$

所以，这两个纽结是拓扑不等价的。

（2）富勒烯的复杂性。关于这个研究，一些图的不变量已经成功被定义和被用于描述富勒烯图的复杂性[37]。同样，提出一系列纽结不变量以用于评估富勒烯多面体链环的复杂性。给定一个纽结，纽结亏格指的是其任意 Seifert 曲面亏格的最小值。如图 9-8 所示，应用 Seifert 算法 D_0 到一个交替纽结或链环的

投影图上，消去一个交叉点会产生具有最小亏格的 Seifert 曲面。例如，一个打开的纽结的亏格为零。除了纽结亏格，其他度量链环复杂性的指标包括交叉点数、桥指标、棍子指数和纽结多项式的跨度等。

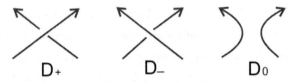

图 9-8　交叉点的三种类型构型图

对于图 9-7 所示的例子，应用 Seifert 算法得到它们的 Seifert 曲面拥有最大数目的 Seifert 环，然后利用下面的公式可以去计算亏格数：

$$2g(F) = [1 - s(L(G)) + c(L(G))] + [1 - \mu(L(G))]$$

其中 s 是 Seifert 环的数目，c 是交叉点数目，μ 指的是分支数。对于图 9-7a 所示的纽结，$s = 13$，它的亏格 $g = 4$；对于图 9-7（b）所示的纽结，$s = 11$，它的亏格 $g' = 5$。因此，我们猜测图 9-7b 中的纽结更加复杂。

（3）富勒烯的稳定性。根据现在已有的知识，除去一些图的不变量[38]，还存在一些可以产生和判断稳定异构体的操作和标准，比如几何学中 leapfrog 转换、图论中的 Clar 类型以及拓扑学中空间张力[18, 39]。对于一个富勒烯多面体链环，认为通过计算 unknotting 或者 unlinking 数是一个潜在的思路[40]。假定具有最大 unknotting 或者 unlinking 数的纽结和链环对应着最稳定异构体。理由是因为利用这两个不变量可以去预测一个富勒烯链环转变成平凡纽结和链环的可能性。这两个不变量可以由顶点变换这种简单的操作来定义和计算，顶点变换可以由一系列的图变换，如图 9-8 所示的从 D_+ 到 D_- 或者从 D_- 到 D_+ 来确定。

为了计算 unlinking 数，需要用 DT 定义法或者 Conway 命名法对一个纽结和链环进行编码。然后根据 Bernhard-Jablan 猜想，使用 LinKnot[28]程序估算纽结或链环的 unknotting 数。然而，LinKnot 只能计算出小于 12 个交叉点的交替纽结和链环的结果。所以，不能比较出图 9-7 所示的两个例子的稳定性大小，这仍然是一个尚未解决的难题，需要在以后的工作中发展出更加有效的判断依据。

参 考 文 献

[1] H. W. Kroto, J. R. Heath, S. C. O'Brien, R. F. Curl, R. E. Smalley,

C_{60}-Buckminsterfullerene[J]. Nature. 318 (1985): 163-165.

[2] P. W. Fowler, D. B. Redmond, Symmetry aspects of bonding in carbon clusters: The leapfrog transformation[J]. Theor. Chim. Acta. 83 (1992): 367-375.

[3] T. Pisanski, M. Randić, Bridges between Geometry and Graph Theory, In Geometry at Work: A Collection of Papers Showing Applications of Geometry (Ed. A. Gorini)[C]. Math. Assoc. Amer., Washington, 2000, Vol. 53, 174-194.

[4] E. C. Kirby, On the partially random generation of fullerenes[J]. Croat. Chem. Acta. 73 (2000): 983-991.

[5] M. Hasheminezhad, H. Fleischner, B. D. McKay, A universal set of growth operations for fullerenes[J]. Chem. Phys. Lett. 464 (2008): 118-121.

[6] S. Schein. T. Friedrich, A geometric constraint, the head-to-tail exclusion rule, may be the basis for the isolated-pentagon rule in fullerenes with more than 60 vertices[J]. Proc. Natl. Acad. Sci. U. S. A. 105 (2008): 19142-19147.

[7] A. J. Stone, D. J. Wales, Theoretical studies of icosahedral C_{60} and some related species[J]. Chem. Phys. Lett. 128 (1986): 501-503.

[8] M. Endo, H. W. Kroto, Formation of carbon nanofibers[J]. J. Phys. Chem. 96 (1992): 6941-6944.

[9] G. Brinkmann, P. W. Fowler, A catalogue of growth transformations of fullerene polyhedra[J]. J. Chem. Inf. Comput. Sci. 43 (2003): 1837-1843.

[10] G. Brinkmann, P. W. Fowler, C. Justus, A catalogue of isomerization transformations of fullerene polyhedra[J]. J. Chem. Inf. Comput. Sci. 43 (2003): 917-927.

[11] R. B. King, M. V. Diudea, The chirality of icosahedral fullerenes: A comparison of the tripling (leapfrog), quadrupling (chamfering), and septupling (capra) transformations[J]. J. Math. Chem. 39 (2006): 597-604.

[12] M. V. Diudea, P. E. John, Covering polyhedral tori[J]. MATCH Commun. Math. Comput. Chem. 44 (2001): 103-116.

[13] M. V. Diudea, Corannulene and corazulene tiling of nanostructures[J]. Phys. Chem. Chem. Phys. 7 (2005): 3626-3633.

[14] M. V. Diudea, Nanoporous carbon allotropes by septupling map operations[J]. J. Chem. Inf. Comput. Sci. 45 (2005): 1002-1009.

[15] M. V. Diudea, Retro–leapfrog and structure elucidation[J]. J. Math. Chem.

45 (2009): 354-363.

[16] O. Delgado Friedrichs, M. Deza, Icosahedral fulleroids, In DIMACS Series in Discrete Mathematics and Theoretical Computer Science (Eds. P. Hausen, P. W. Fowler, M. Zheng)[C]. 2000, Vol. 51, 97-115.

[17] A. Dress, G. Brinkmann, Phantasmagorical fulleroids[J]. MATCH Commun. Math. Comput. Chem. 33 (1996): 87-100.

[18] P. W. Fowler, D. E. Manolopoulos, An Atlas of Fullerenes[M]. Oxford University Press, Oxford, 1995.

[19] F. Chung, S. Sternberg, Mathematics and the buckyball[J]. Am. Sci. 81 (1993): 56-71.

[20] A. T. Balaban, D. J. Klein, D. Babic, T. G. Schmalz, W. A. Seitz, M. Randic, X. Liu, Graph invariants for fullerenes[J]. J. Chem. Inf. Comput. Sci. 35(1995): 396-404.

[21] N. Trinajstic, M. Randic, D. J. Klein, D. Babic, Z. Mihalic, On mathematical properties of buckminsterfullerene[J]. Croat. Chem. Acta. 68 (1995): 241-267.

[22] G. Hu, W. -Y. Qiu, Extended Goldberg polyhedra[J]. MATCH Commun. Math. Comput. Chem. 59 (2008): 585-594.

[23] G. Hu, W. -Y. Qiu, Extended Goldberg polyhedral links with even tangles[J]. MATCH Commun. Math. Comput. Chem. 61 (2009): 737-752.

[24] G. Hu, W. -Y. Qiu, Extended Goldberg polyhedral links with odd tangles[J]. MATCH Commun. Math. Comput. Chem. 61 (2009): 753-766.

[25] W. -Y. Qiu, X.-D. Zhai, Molecular design of Goldberg polyhedral links[J]. J. Mol. Struct. (THEOCHEM) 756 (2005): 163-166.

[26] W. -Y. Qiu, X. -D. Zhai, Y. -Y. Qiu, Architecture of Platonic and Archimedean polyhedral links[J]. Sci. China Ser. B-Chem. 51 (2008): 13-18.

[27] G. Hu, X. -D. Zhai, D. Lu, W. -Y. Qiu, The architecture of Platonic polyhedral links[J]. J. Math. Chem. 46 (2009): 592-603.

[28] S. Jablan, R. Sazdanović, LinKnot- Knot Theory by Computer[M]. World Scientific, Singapore, 2007.

[29] C. C. Adams, The Knot Book: An Elementary Introduction to the Mathematical Theory of Knots[M]. W. H. Freeman, New York, 2000.

[30] T. Doslic, Leapfrog fullerenes have many perfect matchings[J]. J. Math. Chem. 44 (2008): 1-4.

[31] J. H. Chen, C. A. Rauch, J. H. White, P. T. Englund, N. R. Cozzarelli, The topology of the kinetoplast DNA network[J]. Cell 80 (1995): 61-69.

[32] P. G. Mezey, Tying knots around chiral centers: Chirality polynomials and conformational invariants for molecules[J]. J. Am. Chem. Soc. 108 (1986): 3976-3984.

[33] D. W. Sumners, The knot theory of molecules[J]. J. Math. Chem. 1 (1987): 1-14.

[34] W. -Y. Qiu, Knot theory, DNA topology, and molecular symmetry breaking, In Chemical Topology—Applications and Techniques, Mathematical Chemistry Series, Vol. 6 (Eds. D. Bonchev and D. H. Rouvray)[M]. Gordon and Breach Science Publishers, Amsterdam, 2000, 175-237.

[35] M. Deza, M. Dutour, P. W. Fowler, Zigzags, railroads, and knots in fullerenes[J]. J. Chem. Inf. Comput. Sci. 44 (2004): 1282-1293.

[36] Y. -M. Yang, W. -Y. Qiu, Molecular design and mathematical analysis of carbon nanotube links[J]. MATCH Commun. Math. Comput. Chem. 58 (2007): 635-646.

[37] M. Randić, X. F. Guo, D. Plavšić, A. T. Balaban, On the Complexity of Fullerenes and Nanotubes, In Complexity in Chemistry, Biology, and Ecology (Eds. D. Bonchev and D. H. Rouvray)[M]. Springer US, New York, 2005, 1-48.

[38] S. Fajtlowicz, C. E. Larson, Graph-theoretic independence as a predictor of fullerene stability[J]. Chem. Phys. Lett. 377 (2003): 485-490.

[39] P. W. Fowler, T. Pisanski, Leapfrog transformations and polyhedra of Clar type[J]. J. Chem. Soc. Farad. Trans. 90 (1994): 2865-2871.

[40] S. Jablan, R. Sazdanović, Unlinking number and unlinking gap[J]. J. Knot. Theor. Ramif. 16 (2007): 1331-1355.

第 10 章　扩展柏拉图多面体链环的表征和描述

本章从化学和数学的角度出发，在第 3 章扩展的柏拉图多面体和第 5 章扩展的柏拉图多面体链环的基础上，深入地探讨了 DNA 多面体链环出现不同分支数的规律。以四种有代表性的扩展的柏拉图多面体链环（八面体[$3^4\ 6^4$]链环、十四面体[$4^6\ 6^8$]链环、十四面体[$3^8\ 4^6$]链环、三十二面体[$5^{12}\ 6^{20}$]链环）为例，用分支数、Seifert 环数、交叉点数、示性数 λ、示性数 Q、多面体偶数和奇数交叉的边数等对其进行表征，描述其内在的属性。随后，将原来用新欧拉公式统一的仅偶数次扭曲的 DNA 多面体链环，扩展到了奇偶扭曲并存的 DNA 多面体链环情况，并且得到了新的公式将其统一，这样使得原有理论、公式适用范围更广，本章的研究揭示了 DNA 多面体一些可以挖掘的规律，可以成为实验工作者设计的参考。

10.1　引　言

在 DNA 纳米技术中[1]，DNA 多面体（DNA 笼）这个新颖的交联结构的分析不仅给实验化学家提出了新颖的合成目标[2]，也使理论工作者面临着激动人心的机遇和挑战，它需要从化学、生物、数学[3-5]等交叉学科中进行研究[6-8]。Qiu 及其合作者提出的多面体链环的理论和各种结构模型被证明是表征 DNA 多面体的理想工具[9-11]。如果用 n-分支 m-扭曲双线构筑链环（n 表示顶点度数，m 表示平行双线的扭曲次数）[10]，这种模式符合所合成的 DNA 多面体实际情况。文献[12, 13]在 m 为偶数时，推导出 DNA 多面体的新欧拉公式，S 为 Seifert 环数，μ 为分支数，C 为交叉点数：

$$S + \mu = C + 2 \qquad ①$$

但是，这个式子只能适用于边为偶数次扭曲的多面体链环。

文献[14]推导出多面体链环在平行双边扭曲为偶数和奇数时均可适用的式子：

$$S = V + C - E \qquad ②$$

V、E、F 为多面体的顶点、边和面。

为了描述一个 DNA 多面体链环的性质，从①式假设一种新的示性数 λ。

$$\lambda = S + \mu - C \qquad\qquad ③$$

将②式代入③式，得到：

$$\lambda = V + C - E + \mu - C \qquad\qquad ④$$
$$\lambda = 2 - F + \mu \qquad\qquad ⑤$$

在第 3 章中，构筑了扩展的柏拉图多面体，用 Goldberg 方法构筑扩展柏拉图多面体的方法，在保持柏拉图多面体对称性的基础上，正四面体、正六面体和正十二面体可以添加六边形，正八面体则可以添加正四边形，而正二十面体却不能添加一种正多边形进行构筑多面体[15]。在第 5 章中，构筑并分析了扩展柏拉图多面体链环的四种不同的构型[16]。本章的目的是针对扩展的柏拉图多面体，用 n-分支曲线 m-扭曲双线构筑它们的链环时（m 可以为偶数或奇数）探讨分支数的状况，并以两种示性数进行表征[17]。

10.2　定　义

多面体链环是 DNA 多面体的数学模型，认为 DNA 是非常细的线条，可以回顾第 1 章和第 4 章的有关数学背景的内容，以下的定义是本章用到的内容。

定义 1：多面体链环是互相连接和互相连锁的，多面体图形用缠结的结构代替顶点和边。

定义 2：多面体链环的交叉数 C 是该链环在任何投影图的最少交叉点数。

定义 3：多面体链环的分支数 μ 是封闭的不交叉的曲线的数目。

定义 4：多面体链环的 Seifert 环数 S 是以多面体链环作为边界、其定向表面所示的 Seifert 环的数目。直观地观察 DNA 的螺旋状结构，DNA 多面体有两种孔洞（holes），较大的孔洞位于顶点，较小的位于其边上，因而 Seifert 环处于上述孔洞的位置。

10.3　计　算　式

10.3.1　一般多面体链环和 DNA 多面体链环的联系与区别

首先，一般的多面体链环和 DNA 多面体链环都是多面体链环。确切地说，多面体链环分为两类：一类是 DNA 多面体链环，另一类是非 DNA 多面体链环，也就是一般的多面体链环。

其次，它们的区别表现在一般的多面体链环的线条没有方向性，所以也就没有 Seifert 环数；而 DNA 多面体链环的线条有方向性，所以存在 Seifert 环数。

10.3.2　链环三要素的计算式

对于多面体，顶点 V、边数 E 和面数 F 是三个基本的几何参数；而交叉点数 C、分支数 μ 和 Seifert 环数 S 则可能是多面体链环三个重要的不变量。

为着简化运算起见，在描述 n-分支 m-扭曲双线构筑的链环时，扭曲次数为偶数时 $m=2$，也就是两次半纽；扭曲次数为奇数时 $m=1$，也就是一次半纽。设扭曲次数为偶数的边为 a，扭曲次数为奇数的边为 b，那么每条偶数次扭曲的边上出现的 Seifert 环数为 1，每条奇数次扭曲的边上出现的 Seifert 为 0，加上每个顶点出现的一个 Seifert 环，可以有：

$$S=V+a \qquad ⑥$$

在分支数方面，当各个边的扭曲数均为偶数，一般的多面体链环有最高的分支数为 F；当有的边的扭曲数均为奇数时，它的分支数的数目会相应地减少。可以用下式进行表示，当然它的链环的分支数是不可能为零。

$$1\leqslant \mu \leqslant F \qquad ⑦$$

对于 DNA 多面体链环，它的分支数只能是偶数，在后面扩展的柏拉图列表中可以看到。DNA 多面体链环的分支数和一般的多面体链环的分支数表达有一定的差别：

$$2\leqslant \mu \leqslant F\,(\mu\text{ 为偶数}) \qquad ⑧$$

一般的多面体链环与 DNA 多面体链环的交叉点数的计算数值是一样的，都可以用下式表示：

$$C=2a+b \qquad ⑨$$

10.4　扩展的柏拉图多面体链环的表征

在第 3 章中，用 Goldberg 方法构造了四类扩展的柏拉图多面体。在第 5 章中，又构筑了扩展的柏拉图多面体链环，其中有一种"3 交叉-$2k$ 次扭曲"型链环。在四类扩展的柏拉图多面体型链环中各选取一个说明。

10.4.1　一种扩展的四面体链环[3⁴ 6⁴]

使用扩展的四面体链环中的一个进行分析，它是在正四面体的基础上添加 4 个正六边形，再用"3 交叉-m 次扭曲"覆盖，可构筑出一个八面体链环[3⁴ 6⁴]（$E = 18$, $V = 12$, $F = 8$）。经过尝试，其出现的一般多面体链环和 DNA 多面体链环的数据均列于表 1。它们的分支数如⑦和⑧式所示，一般的多面体链环的分支数可出现在 1～8 中，而 DNA 多面体链环只在分支数为偶数时才出现。但这不等于说只要分支数是偶数，就一定是 DNA 多面体。同一分支数可出现多面体的边有不同扭曲数的情况，或者分别是一般多面体链环和 DNA 多面体链环。为了得到一个能够统一奇偶扭曲并存的 DNA 多面体链环并且描述其链环的内在属性，需要寻找一个新的示性数。先将欧拉公式 $V + F = E + 2$，代入②式，有

$$S + F = C + 2 \qquad\qquad ⑩$$

可以给出一个新的示性数 Q 来描述这个式子：

$$Q = S + F - C \qquad\qquad ⑪$$

由于②式、⑩式都可用于 DNA 多面体链环的边的扭曲数为偶数和奇数的情况，所以⑪式中的 Q 在边不同扭曲数的情况下仍然为常数 2，这样计算不同参数时更为方便，而①式只适用于扭曲数为偶数时的情况，所以推导出③式的示性数 λ 在出现扭曲数为奇数时就不是常数。从表 10-1 可以看到，只有 DNA 多面体链环才有 Seifert 环数，所以才有 λ 和 Q 的示性数值。随着 μ 值的减小，λ 值从最大的数值 2 以偶数的幅度逐渐减小，λ 值是偶数，最小值为：

$$2 - 2\left(\frac{F-2}{2}\right) = 4 - F \qquad\qquad ⑫$$

$$\lambda_{\max} = 2 , \quad \lambda_{\min} = 4 - F \qquad\qquad ⑬$$

表 10-1　八面体[3⁴ 6⁴]的多面体链环

μ	S	C	$\lambda=2-F+\mu$	$Q=S+F-C$	备　　注
8	30	36	2	2	18 偶 0 奇，DNA 多面体链环
7		35			17 偶 1 奇，一般多面体链环
6	26	32	0	2	14 偶 4 奇，DNA 多面体链环
6		34			16 偶 2 奇，一般多面体链环
5		33			15 偶 3 奇，一般多面体链环
4	23	29	-2	2	11 偶 7 奇，DNA 多面体链环

续表

μ	S	C	λ=2−F+μ	Q=S+F−C	备　　注
4	21	27	−2	2	9 偶 9 奇，DNA 多面体链环
4	18	24	−2	2	6 偶 12 奇，DNA 多面体链环
4		32			14 偶 4 奇，一般多面体链环
3		31			13 偶 5 奇，一般多面体链环
2	19	25	−4	2	7 偶 11 奇，DNA 多面体链环
2		30			12 偶 6 奇，一般多面体链环
1		29			11 偶 7 奇，一般多面体链环

在[3⁴ 6⁴]的最小投影图上画出 DNA 多面体链环的投影图，具有清晰、准确的效果。图 10-1 画出三种 DNA 多面体链环的投影图，以不同颜色表示出各个分支线。

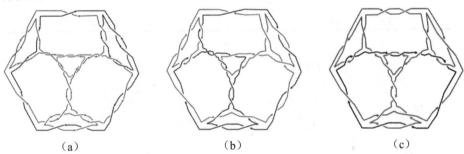

（a）　　　　　　　　　（b）　　　　　　　　　（c）

图 10-1　八面体[3⁴ 6⁴]的三种 DNA 多面体链环

（a）μ=6，14 偶 4 奇；（b）μ=4，9 偶 9 奇；（c）μ=4，6 偶 12 奇

10.4.2　一种扩展的六面体链环[4⁶ 6⁸]

使用扩展的六面体链环中的一个进行分析，它是在正六面体的基础上添加 8 个正六边形，可构筑出十四面体[4⁶ 6⁸]（$E=36$，$V=24$，$F=14$）。其出现的 DNA 多面体链环的数据列于表 10-2。当然，以上得到的结论完全可以运用。同样，[4⁶ 6⁸]的一般多面体链环的分支数同样符合⑦式，可以出现的分支数为 1～14，但为了简化，只列出了 DNA 多面体链环的数据。比较表 10-1 和表 10-2 的情况，可以看到由于十四面体[4⁶ 6⁸]面数比八面体[3⁴ 6⁴]面数多，因而出现 DNA 多面体链环的数目显著增加，而且在 μ=4 和 6 时几率较大。图 10-2 画出了三种 DNA 多面体链环的投影图。

表 10-2 八面体[4⁶ 6⁸]的 DNA 多面体链环

μ	S	C	$\lambda=2-F+\mu$	$Q=S+F-C$	备注
14	60	72	2	2	36 偶 0 奇
12	56	68	0	2	32 偶 4 奇
10	52	64	−2	2	28 偶 8 奇
8	48	60	−4	2	24 偶 12 奇
6	49	61	−6	2	25 偶 11 奇
6	44	56	−6	2	20 偶 16 奇
6	36	48	−2	2	12 偶 24 奇
6	24	36	−6	2	0 偶 36 奇
4	47	59	−8	2	23 偶 13 奇
4	34	46	−8	2	10 偶 26 奇
2	46	58	−10	2	22 偶 14 奇
2	32	44	−10	2	8 偶 28 奇

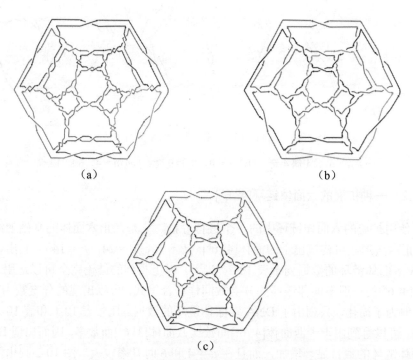

（a）   （b）

（c）

图 10-2 十四面体[4⁶ 6⁸]的三种 DNA 多面体链环

（a）$\mu=6$，20 偶 16 奇；（b）$\mu=6$，0 偶 36 奇；（c）$\mu=2$，8 偶 28 奇

10.4.3　一种扩展的八面体链环[3^8 4^6]

使用扩展的八面体链环中的一个进行分析，它是在正八面体的基础上添加 6 个正六边形，可构筑出十四面体[3^8 6^4]（$E = 24$，$V = 12$，$F = 14$）。其出现的 DNA 多面体链环的数据列于表 10-3。这种十四面体与图 10-2 相比，虽然都是十四面体，但它的顶点是 4 度的，构筑 DNA 多面体就比顶点为 3 度的困难，而且顶点的数目较小，因而其出现 DNA 多面体链环的概率较小。[3^8 4^6]的一般多面体链环的分支数同样符合⑦式，可以出现的分支数为 1～14。图 10-3 列出三种十四面体[3^8 4^6]的 DNA 多面体链环。

表 10-3　十四面体[$3^8 4^6$]的 DNA 多面体链环

μ	S	C	$\lambda=2-F+\mu$	$Q=S+F-C$	备　注
14	36	48	2	2	24 偶 0 奇
12	32	44	0	2	20 偶 4 奇
10	30	42	−2	2	18 偶 6 奇
8	28	40	−4	2	16 偶 8 奇
6	24	36	−6	2	12 偶 12 奇
4	24	36	−8	2	12 偶 12 奇
4	22	34	−8	2	10 偶 14 奇
4	20	32	−8	2	8 偶 16 奇

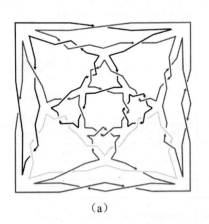 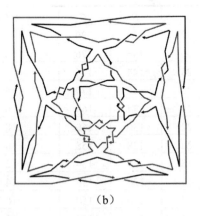

（a）　　　　　　　　　　　　　　（b）

图 10-3　十四面体[3^8 4^6]的三种 DNA 多面体链环

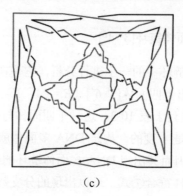

（c）

图 10-3　十四面体[3⁸ 4⁶]的三种 DNA 多面体链环（续）

（a）$\mu = 6$，12 偶 12 奇；（b）$\mu = 4$，12 偶 12 奇；（c）$\mu = 4$，8 偶 16 奇

10.4.4　一种扩展的十二面体链环[5¹² 6²⁰]

使用扩展的十二面体链环中的一个进行分析，它是在正十二面体的基础上添加 20 个正六边形，可构筑出三十二面体[5¹² 6²⁰]（$E = 90$，$V = 60$，$F = 32$）。这就是著名的足球烯。其出现的 DNA 多面体链环的数据列于表 10-4。由于其顶点的数目较大，而且顶点是 3 度的，因而出现 DNA 多面体链环的几率显著增加。当分支数为偶数时，均有可能出现 DNA 多面体链环。图 10-4 绘出 3 种 $\mu = 6$ 的投影图，分支数为 6 出现的机会很多。

表 10-4　三十二面体[5¹² 6²⁰]的 DNA 多面体链环

μ	S	C	$\lambda = 2-F+\mu$	$Q = S+F-C$	备　注
32	150	180	2	2	90 偶 0 奇
30	146	176	0	2	86 偶 4 奇
28	144	174	−2	2	84 偶 6 奇
26	140	170	−4	2	80 偶 10 奇
24	134	164	−6	2	74 偶 16 奇
22	130	160	−8	2	70 偶 20 奇
20	128	158	−10	2	68 偶 22 奇
18	124	154	−12	2	64 偶 26 奇
16	120	150	−14	2	60 偶 30 奇
14	120	150	−16	2	60 偶 30 奇
14	116	146	−16	2	56 偶 34 奇
12	118	148	−18	2	58 偶 32 奇
12	107	137	−18	2	47 偶 43 奇

续表

μ	S	C	$\lambda=2-F+\mu$	$Q=S+F-C$	备　注
10	120	150	−20	2	60 偶 30 奇
10	110	140	−20	2	50 偶 40 奇
10	108	138	−20	2	48 偶 42 奇
8	109	139	−22	2	49 偶 41 奇
8	104	134	−22	2	44 偶 46 奇
6	115	145	−24	2	55 偶 35 奇
6	112	142	−24	2	52 偶 38 奇
6	109	139	−24	2	49 偶 41 奇
6	100	130	−24	2	40 偶 50 奇
6	95	125	−24	2	35 偶 55 奇
4	103	133	−26	2	43 偶 47 奇
4	99	129	−26	2	39 偶 51 奇
2	103	133	−28	2	43 偶 47 奇
2	98	128	−28	2	38 偶 53 奇

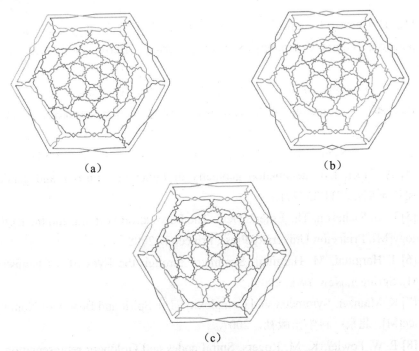

（a）　　　　　　　　　　　（b）

（c）

图 10-4　三十二面体[$5^{12}\,6^{20}$]的三种 DNA 多面体链环

（a）$\mu=6$，55 偶 35 奇；（b）$\mu=6$，40 偶 50 奇；（c）$\mu=6$，35 偶 55 奇

10.5　欧拉公式的扩展

事实上，⑩式可以看作是新欧拉公式 II，因它和新欧拉公式 I 即①式][12]都与欧拉公式有类似的形式。另外，新欧拉公式 II 适用于 DNA 多面体链环的边同时出现偶数扭曲和奇数扭曲的情况。而①式只适用于 DNA 多面体链环的边都为双数扭曲的状态，这时分支数 μ 与多面体的面数 F 相等，⑩式就变成了①式。可以将①式看作是⑩式的一种特定状态。⑩式和①式的研究对象都是 DNA 多面体链环，前者在式中引入了基本的几何参数 F，后者则引入拓扑不变量 μ，它们可以在不同的场合起到相互补充的作用。

参 考 文 献

[1] J. Chen, N. Jonoska, G. Rozenberg, Nanotechnology: Science and Computation, Natural Computing Series[M]. Springer Berlin Heidelberg, Berlin, 2006.

[2] A. V. Pinheiro, D. -R. Han, W. M. Shih, H. Yan, Challenges and opportunities for structural DNA nanotechnology[J]. Nature Nanotech. 6 (2011): 763-772.

[3] H. Weyl, Symmetry[M]. Princeton University Press, Princeton, 1983.

[4] A. Šiber, Icosadeltahedral geometry of Fullerenes, viruses and geodesic domes[J]. arXiv: 0711.3527v1.

[5] D. S. Richeson, The Euler's Gem: The Polyhedron Formula and the Birth of Topology[M]. Princeton University Press, Princeton, 2008.

[6] I. Hargittai, M. Hargittai, Symmetry through the Eyes of a Chemist(3rd ed.)[M]. Springer, New York, 2009.

[7] K. Mainzer, Symmetry and Complexity: The Spirit and Beauty of Nonlinear Science[M]. 北京：科学出版社，2007.

[8] P. W. Fowler, K. M. Rogers, Spiral codes and Goldberg representations of icosahedral Fullerenes and octahedral analogues[J]. J. Chem. Inf. Comput. Sci. 41

(2001): 108-111.

[9] W. -Y. Qiu, Z. Wang, G. Hu, The Chemistry and Mathematics of DNA Polyhedra[M]. NOVA, New York, 2010.

[10] 翟新东. DNA 和蛋白质纽结理论：多面体链环[D]. 兰州：兰州大学，2000.

[11] 汪泽. DNA 多面体的化学和数学研究[D]. 兰州：兰州大学，2009.

[12] G. Hu, W. -Y. Qiu, A. Ceulemans, A new Euler's formula for DNA polyhedra[J]. PLoS ONE 6 (2011): e26308.

[13] 胡广. 病毒和 DNA 多面体分子的几何学和拓扑学分析[D]. 兰州：兰州大学，2010.

[14] 李炜. DNA 多面体的新欧拉示性数[D]. 兰州：兰州大学，2012.

[15] T. Deng, M. -L. Yu, G. Hu, W. -Y. Qiu, The architecture and growth of extended Platonic polyhedra[J]. MATCH Commun. Math. Comput. Chem. 67 (2012): 713-730.

[16] T. Deng, W. -Y. Qiu, The architecture of extended Platonic polyhedral links[J]. MATCH Commun. Math. Comput. Chem. 70 (2013): 347-364.

[17] T. Deng, J. -W. Duan, W. Li, W. -Y. Qiu, A new Euler formula and its characterizaion of DNA polyhedra[J]. MATCH Commun. Math. Comput. Chem. 75 (2016): 387-402.

第 11 章　总结与展望

多面体的研究虽然是一个古老的数学课题，但在科学日新月异的今天，我们发现了这个多面体研究的新内涵。化学晶体、球碳分子、病毒衣壳结构、DNA笼……无不包含着多面体及其衍生的多面体链环的结构。因此，多面体及其链环的研究是一个既古老而又崭新的课题。大量的实验合成产物在增强研究者信心的同时也带来了更多机遇和挑战，需要新的模型来描述刻画它们的新奇结构，新的理论来解释它们的内在属性，新的方法来探索它们的生成规律。

本书以实验室中得到的化学产物，特别是最近的 DNA 多面体为目标，运用纽结理论和相关拓扑学中的知识，总结了多面体的生成规律，构筑新颖的多面体及其多面体链环，并且着重探讨了 DNA 多面体链环的诸多性质和形成规律。我们的工作主要集中在以下几个方面。

（1）构造了四种扩展的柏拉图多面体：扩展的四面体、扩展的六面体、扩展的八面体和扩展的十二面体。总结了它们的生成规律以及化学中的相关应用。

（2）阐述了表征 DNA 多面体的理想数学模型——DNA 多面体链环和能够统一其内在规律的 DNA 多面体的欧拉公式。

（3）基于扩展的柏拉图多面体，构筑了四种类型的扩展柏拉图多面体链环，通过将新欧拉公式和多面体生长规律用于这些链环，计算出了这些链环的一系列拓扑属性：交叉点数、分支数和 Seifert 环数。

（4）基于 Goldberg 多面体提出两种构造多面体的拓扑学方法：球面旋转和球面拉伸，从而构造了两类新的多面体模型，并初步分析了它们的稳定性和对称性并在此基础上提出了奇偶两种构筑多面体链环的方法。

（5）以扩展柏拉图多面体链环为实验对象，对其多面体链环和 DNA 多面体链环的各种特征进行统计分析，揭示了 DNA 多面体链环的一些形成规律。并且将原来用 DNA 多面体欧拉公式统一的仅偶数次扭曲的 DNA 多面体链环，扩展到了奇偶扭曲并存的 DNA 多面体链环情况，用新的公式将其统一。

我们希望这些研究成果能在解释和说明实验中得到的新成果特别是 DNA多面体的拓扑结构、生成规律、内在属性等方面发挥应有作用，同时期望所提出的数学模型和计算方法可以对实验产物的合成起到指导作用，特别是以 DNA

笼为药物载体的新材料的设计。当然，本书的工作还有很多上升的空间需要补充。此外，也提出了关于 DNA 自组装技术的一些设想。这里主要分为以下三点：

（1）DNA 多面体的构造方法日新月异，单一或者简单的多面体链环模型不足以描述完全，有时在描述新颖分子时是非常局限的。我们知道找到普世规律是不现实的，期望更为多样的数学模型能够出现，它们之间可以做到简单变换。再者，是否可用较为通用的基本模块构造此类多面体，以提高自组装的效率。

（2）本课题主要集中在多面体链环的模型，这其中涉及了很多拓扑学及其他学科的知识，还未进行探讨和钻研，只是浅尝辄止。它们中某些或许还有新的发现和应用，或许是一条通向我们困扰问题答案的捷径。

（3）本课题对"新欧拉公式"做了深入的思考，我们认为"新欧拉公式"的研究不应只停留在它能适用的范围或者对公式的修饰层面，更深的阶段是以"新欧拉公式"这个平台和跳板，进一步探索 DNA 多面体的仍有待挖掘的数学性质、组装规律，甚至可以预测和判断某些物理、生物等方面的内在机理，这也是我们最希望看到的成果。